教育部高等学校电子信息类专业教学指导委员会规划教材

高等学校电子信息类专业系列教材

变频器
原理及应用

周振超 孙振龙 郭海丰 姚颖 编著

清华大学出版社

北京

内 容 简 介

本书"以突出应用、注重技能、培养能力"为宗旨,主要介绍变频器原理和实训两大部分。本书由浅入深地阐述了变频器技术的应用及发展概况、变频器的工作原理及结构、变频器的基本功能、变频器运行方式、变频器的选择、变频器的可靠性、变频器的安装与故障处理、变频器的应用举例、通用变频器操作实训及应用。

本书内容通俗易懂,没有高深的理论分析及数学运算,从实用的角度列举了变频器在恒压供水、中央空调、电梯、造纸设备、塑料薄膜机械、风机、矿井提升机、饮料灌装输送带的应用。通过对本书的学习,读者可了解变频器的原理和基本功能,并通过实训指导可达到对变频器的熟练操作和使用。

本书可作为各类高校自动化、电气工程、数控技术专业及机电类专业的教学用书,也可作为相关行业的培训教材。

图书在版编目(CIP)数据

变频器原理及应用/周振超等编著. —北京:清华大学出版社,2023.10
高等学校电子信息类专业系列教材
ISBN 978-7-302-64454-5

Ⅰ.①变…　Ⅱ.①周…　Ⅲ.①变频器-高等学校-教材　Ⅳ.①TN773

中国国家版本馆 CIP 数据核字(2023)第 153804 号

责任编辑:盛东亮
封面设计:李召霞
责任校对:韩天竹
责任印制:刘海龙

出版发行:清华大学出版社
　　　　　网　　　址:https://www.tup.com.cn,https://www.wqxuetang.com
　　　　　地　　　址:北京清华大学学研大厦 A 座　　　邮　　编:100084
　　　　　社 总 机:010-83470000　　　　　　　　邮　　购:010-62786544
　　　　　投稿与读者服务:010-62776969,c-service@tup.tsinghua.edu.cn
　　　　　质量反馈:010-62772015,zhiliang@tup.tsinghua.edu.cn
　　　　　课件下载:https://www.tup.com.cn,010-83470236
印 装 者:北京嘉实印刷有限公司
经　　　销:全国新华书店
开　　　本:185mm×260mm　　　印　张:11.25　　　　　　　字　　数:299 千字
版　　　次:2023 年 12 月第 1 版　　　　　　　　　　　　印　　次:2023 年 12 月第 1 次印刷
印　　　数:1~1500
定　　　价:59.00 元

产品编号:101372-01

高等学校电子信息类专业系列教材

序
FOREWORD

我国电子信息产业占工业总体比重已经超过 10%。电子信息产业在工业经济中的支撑作用凸显,更加促进了信息化和工业化的高层次深度融合。随着移动互联网、云计算、物联网、大数据和石墨烯等新兴产业的爆发式增长,电子信息产业的发展呈现了新的特点,电子信息产业的人才培养面临着新的挑战。

(1) 随着控制、通信、人机交互和网络互联等新兴电子信息技术的不断发展,传统工业设备融合了大量最新的电子信息技术,它们一起构成了庞大而复杂的系统,派生出大量新兴的电子信息技术应用需求。这些"系统级"的应用需求,迫切要求具有系统级设计能力的电子信息技术人才。

(2) 电子信息系统设备的功能越来越复杂,系统的集成度越来越高。因此,要求未来的设计者应该具备更扎实的理论基础知识和更宽广的专业视野。未来电子信息系统的设计越来越要求软件和硬件的协同规划、协同设计和协同调试。

(3) 新兴电子信息技术的发展依赖于半导体产业的不断推动,半导体厂商为设计者提供了越来越丰富的生态资源,系统集成厂商的全方位配合又加速了这种生态资源的进一步完善。半导体厂商和系统集成厂商所建立的这种生态系统,为未来的设计者提供了更加便捷却又必须依赖的设计资源。

教育部 2020 年颁布了新版《高等学校本科专业目录》,将电子信息类专业进行了整合,为各高校建立系统化的人才培养体系,培养具有扎实理论基础和宽广专业技能的、兼顾"基础"和"系统"的高层次电子信息人才给出了指引。

传统的电子信息学科专业课程体系呈现"自底向上"的特点,这种课程体系偏重对底层元器件的分析与设计,较少涉及系统级的集成与设计。近年来,国内很多高校对电子信息类专业课程体系进行了大力度的改革,这些改革顺应时代潮流,从系统集成的角度,更加科学合理地构建了课程体系。

为了进一步提高普通高校电子信息类专业教育与教学质量,推动教育与教学高质量发展,教育部高等学校电子信息类专业教学指导委员会开展了"高等学校电子信息类专业课程体系"的立项研究工作,并启动了"高等学校电子信息类专业系列教材"(教育部高等学校电子信息类专业教学指导委员会规划教材)的建设工作。其目的是推进高等教育内涵式发展,提高教学水平,满足高等学校对电子信息类专业人才培养、教学改革与课程改革的需要。

本系列教材定位于高等学校电子信息类专业的专业课程,适用于电子信息类的电子信息工程、电子科学与技术、通信工程、微电子科学与工程、光电信息科学与工程、信息工程及其相近专业。经过编审委员会与众多高校多次沟通,初步拟定分批次建设约 100 门核心课程教材。本系列教材将力求在保证基础的前提下,突出技术的先进性和科学的前沿性,体现创新教学和工程实践教学;将重视系统集成思想在教学中的体现,鼓励推陈出新,采用"自顶向下"的方法编写教材;将注重反映优秀的教学改革成果,推广优秀的教学经验与理念。

　　为了保证本系列教材的科学性、系统性及编写质量,本系列教材设立顾问委员会及编审委员会。顾问委员会由教指委高级顾问、特约高级顾问和国家级教学名师担任,编审委员会由教育部高等学校电子信息类专业教学指导委员会委员和一线教学名师组成。同时,清华大学出版社为本系列教材配置优秀的编辑团队,力求高水准出版。本系列教材的建设,不仅有众多高校教师参与,也有大量知名的电子信息类企业支持。在此,谨向参与本系列教材策划、组织、编写与出版的广大教师、企业代表及出版人员致以诚挚的感谢,并殷切希望本系列教材在我国高等学校电子信息类专业人才培养与课程体系建设中发挥切实的作用。

吕志伟 教授

前 言

PREFACE

变频器是一种交流调速装置,以其优异的调速性能、高功率因数和节能效果等被国内外公认为最有发展前途的调速方式,成为当今节能、改善工艺流程、提高产品质量、改善环境、推动技术进步的有效手段,广泛应用于工业自动化的各个领域。通过利用变频器进行交流调速,也使得交流调速系统具有调速范围宽、调速精度高、动态响应快、运行效率高、功率因数高等优点,而且变频器操作方便、外接端子多,容易与其他设备连接。变频器的发展与普及应用提高了现代工业的自动化水平,提高了产品质量,降低了生产成本。变频器的相关课程也已成为应用型本科和高职高专院校多个专业的必修课程。

有关变频器的书有很多,但适合作为教材的书相对较少,为尽快培养具有较高实践能力的紧缺人才,我们以"突出应用、注重技能、培养能力"为宗旨,编写了《变频器原理及应用》一书。本书编写的原则是避开高深的理论和烦琐的数学推导,系统、简明地阐述了变频器的原理,并加强了实训内容。

本书主要内容包括变频器原理和实训两部分,共分9章。第1章阐述了变频器技术的应用及发展概况;第2章简明扼要地介绍了变频器的工作原理及结构;第3章介绍了通用变频器的基本功能及功能参数的应用(本书主要介绍的是富士变频器的基本功能和功能参数);第4章介绍了变频器运行方式的控制电路设计;第5章讲述了变频器的选择方法和选择原则;第6章研究了变频器可靠运行的问题;第7章介绍了变频器的安装与故障处理;第8章简单介绍了变频器在恒压供水、中央空调、电梯、造纸设备、塑料薄膜机械等领域的应用;第9章安排了适合在实验室里完成的实训。

实训部分共10项内容,分别是通用变频器的基本知识;变频器的端子功能;变频器的键盘面板及功能参数的预置;变频器 U/f 线绘制;变频器的频率设定命令功能及操作方法功能;与工作频率有关的功能及频率给定预置;变频器控制电动机正、反转调速;变频器多步速度操作;变频器程序运行模式;上升/下降控制。每个实训项目的步骤具体详细,图表清晰易懂,读者按照实训指导很容易得出结果。通过实训能更好地理解并掌握变频器的原理。

本书由辽宁科技学院周振超、孙振龙、郭海丰、姚颖共同编写,其中姚颖编写了第1、2章,郭海丰编写了3～5章,周振超编写了第6～8章并进行了统稿,孙振龙编写了第9章。

在本书的编写过程中参考了一些国内外的文献资料,在此对所有的作者表示由衷的感谢。

由于编者的水平有限,书中不足之处在所难免,恳请广大读者批评指正。

编 者

2023 年 8 月

目 录
CONTENTS

第 1 章

变频器概述

1.1　认识变频器

1.1.1　变频器的含义

变频器是将固定电压、固定频率的交流电转换为可调电压、可调频率交流电的装置。变频器的问世,使电气传动领域发生了一场技术革命,即交流调速取代直流调速。交流电动机变频调速技术具有节能、改善工艺流程、提高产品质量和便于自动控制等诸多优势,被国内外公认为是最有发展前途的调速方式。

变频器是组成变频调速系统的核心部件。变频调速系统具有调速精度高、动态响应快、运行效率高、节约能源、调速范围广和便于自动控制等诸多优势。近年来,国内外变频器市场一直保持快速增长的势头,变频调速系统已广泛应用于工业生产和日常生活的许多领域中,取得了极佳的节能经济效益。

1.1.2　变频技术的发展

自 19 世纪诞生直流电动机拖动和交流电动机拖动以来,电力拖动就成为动力机械的主要控制系统。在很长一段时间内,不变速拖动系统采用的是交流电动机,需要进行调速控制的拖动系统采用的是直流电动机,其中不变速拖动系统占整个拖动系统的 80% 左右。直流电动机控制简单、调速平滑、性能良好,但由于直流电动机的电枢电流是由换向器和电刷引入的,电刷和换向器摩擦工作,决定了直流电动机的转速不能太高、功率不能太大、应用电压也不能太高。而且由于摩擦工作使电刷经常更换,维护和保养很困难。因此,人们设想让交流电动机能像直流电动机那样调速,这是因为交流电动机结构简单、工作可靠、价格低廉,可适应任何环境,可做成各种功率规格。但交流电动机的转速与电动机的磁极对数、转差率和频率参数有关,要想使交流电动机的速度能平滑改变,只有连续改变电源的频率。

随着微电子技术和电力电子技术的不断发展,改变电源的频率成为可能。采用电力电子器件可做成整流器和逆变器。整流器可使交流电变成直流电,逆变器可把直流电变成交流方波——脉宽调制波形,通过整流和逆变技术,可给异步电动机提供一个频率可以改变的电能,这种技术大大减小了谐波分量,拓宽了异步电动机的变频调速范围。这种技术就是目前发展起来的变频技术。

20 世纪 70 年代中期发生的石油危机,使人们充分认识到节能工作的重要性。变频技术的出现剔除了早期采用的靠挡板和阀门来调节风速和流量的做法(原来的这些做法不但增加了系统的复杂性,更主要的是造成能源的大量浪费),大大解决了风机和泵类电动机调速控制拖动系统中风速和流量问题。

变频器技术是一门综合性的技术,它是建立在控制技术、电力电子技术、微电子技术和计算机技术的基础上的。随着各种复杂控制技术在变频器技术中的应用,变频器的性能不断提高,应用范围越来越广。

1.1.3　变频器新技术的发展方向

随着信息技术、电力电子技术、电动机驱动技术的不断发展,变频器的性能不断提高,其应用范围也越来越广。目前变频驱动的应用已经非常广泛,新型变频器产品不断出现,变频器的性能和可靠性也在不断完善和提高。变频器已经从简单的整流逆变装置进化为集驱动控制、I/O逻辑现场编程、通信组网络连接等为一体,可以适应不同应用场合的过程控制单元,并在工业自动化生产线和许多领域中广泛应用。

交流变频器是强、弱混合,机电一体化的综合性调速装置,它既要进行电能的转换,又要进行信息的收集、变换和传输。它不仅要解决与高压、大电流有关的技术问题,还要解决控制策略和控制理论等问题。根据变频器今后市场的需要,它主要将朝着以下几方面发展。

1. 大容量和小体积化

随着电力电子器件和单片机技术的不断提高,变频器的容量越来越大,体积越来越小,在小功率段已经推出"迷你"型产品。

2. 高性能和多功能化

目前数字信号处理器(Digital Signal Processor,DSP)和专用集成电路(Application Specific Integrated Circuit,ASIC)在变频器中得到广泛应用,还有各种先进的控制算法的实现,从而提高了变频器的性能。人们希望变频器产品能够有更高的性能和更加丰富的功能。

8位、16位CPU奠定了通用变频器全数字控制的基础,32位DSP的应用将通用变频器的性能又提高了一大步,实现了转矩控制,推出了"无跳闸"功能。目前,新型变频器开始采用新的精简指令集计算机(Reduced Instruction Set Computer,RISC),将指令执行时间缩短到纳秒量级。据报道,RISC的运算速度可达10亿次/秒,相当于巨型计算机的水平,指令计算时间为纳秒量级,是一般微处理器无法比拟的。有的变频器以RISC为核心进行数字控制,可以支持无速度传感器的矢量控制算法、转速估计运算和PID调节器的在线实时运算等。

3. 易用性和功率结构模块化

变频器在软件设计上已经加入初始起动指导工具,通过引导程序可简化用户调试过程,易于使用。功率结构模块化可为不同系列产品提供一致性,提高产品可靠性,给安装、调试、维护带来了方便。

4. 智能化与网络化

智能化就是增加功能参数的编程能力。为了加强智能化,很多变频器已将PLC的部分功能融入其中。例如ABB公司的ACS800系列变频器的自适应编程,可以在预先设定的20个功能基础上进行编程,以适应运行需要。

尽管当前变频器单独使用的场合仍占多数,随着工业的发展,网络化将在生产过程中起主导作用,为满足网络的需要,变频器设计了通信接口,并支持多种协议。网络化也将在一定程度上促进变频器的智能化。

5. 环保化

随着人们对环境问题的关注,如何减小变频器对外界环境的影响已成为其未来发展中不容忽视的问题。开发出清洁电能的变频器,尽可能降低网侧和负载的谐波分量,以减小对电网的公害和电动机转矩的脉动,推出真正的无公害变频器已经成为大势所趋。

减小网侧谐波、提高功率因数、节能降噪、缩小体积等是变频器环保化的主要内容。当代变频器的环保化主要体现在改变电路拓扑结构、采用矩阵控制技术、改善 PWM 控制性能、采用强制水冷等方面。此外,变频器新增的节能控制运行、工频/变频切换等也是为适应环保化的要求而开发的功能。

总之,变频器自 20 世纪 70 年代诞生以来,经过几十年的努力,其技术已经日益进步,应用领域不断扩大,发展前景广阔。

1.1.4　国外变频调速技术现状

国外通用变频器技术有以下特点。

(1)在通用变频器广泛应用基础上,致力于使每台电动机都由变频器控制。

(2)高电压、大电流功率器件 SCR、GTO、IGBT、IGCT、HVIGBT 的生产及其并联、串联技术发展迅速,促进了高电压、大中功率变频器产品的生产及应用。如在大功率交-交变频调速技术方面,法国阿尔斯通已能提供单机容量达 30MW 的电气传动设备用于船舶推进系统。在大功率无换向器电动机变频调速技术方面,ABB 公司已能提供单机容量为 60MW 的设备用于抽水蓄能电站。日本新干线铁路的机车大都采用日立公司生产的变频机车,最大功率为 6MW/25kV。德国西门子公司的 SIMOVERT S 系列已达到 100MW/23kV,SIMOVERT A 电流型晶闸管变频调速设备的单机容量可达 2.6MV·A,SIMOVERT P GTO PWM 变频器调速设备的单机容量可达 900kV·A,SIMOVERT MV 单机容量可达 7.2MV·A/6.3kV,其控制系统已实现全数字化,广泛应用于同步电动机和一般电动机控制,如电力机车、风机、水泵传动控制。

(3)控制理论和微电子技术的发展。矢量控制、直接转矩控制、模糊控制、自适应控制等新的控制理论为高性能变频器提供了理论基础,32 位高速处理器及数字信号处理器(DSP)和专用集成电路技术的快速发展,为实现通用变频器高精度、高性能、多功能、智能化目标提供了硬件手段。

(4)通用变频器相关配件社会化、专业化生产,小功率通用变频器已实现全数字化,采用 IGBT 的通用变频器已形成系列产品,正向以软件化、网络化、智能化为基础的高动态性能方向发展。

1.1.5　我国变频器的市场现状

近年来,国外变频器市场的增长速度每年都在 10% 以上,随着我国改革开放的深入、科技和社会的发展,国外的变频器大量涌入国内市场。作为节能应用与速度工艺控制中越来越重要的自动化设备,变频器也越来越广泛地应用于电力、建材、纺织与化纤、化工、石油、冶金、造纸、市政、烟草、食品饮料等行业,以及公共工程(中央空调、供水、水处理、电梯等)等工业生产和日常生活的诸多领域,并已取得了极佳的节能经济效益。

我国变频器的市场化始于 20 世纪 80 年代后期,第一家进入我国市场的变频器是日本三垦变频器,紧接着,日本富士变频器也进入我国(富士 5 型)。到现在,除了这两家变频器外,还涌现出多个国内外品牌,其中一些国外生产企业也在我国建立了合资工厂。

我国拥有庞大的产业群,并保持着持续稳定的发展;与国际接轨,众多的企业需要提升国际竞争力;人们生活质量不断提高等,这些都是变频器市场增长的驱动力和变频器应用广泛的基础。

近年来随着国内工业的发展情况有些改变：变频器市场扩大，刺激了国产变频器研发生产的积极性；国内有一批企业在生产其他产品的过程中有了较多经验，有资金，肯投入，有现代企业管理体系和质量保证体系，有自己的进出口和营销渠道，以及先进的工装设备；经过多年的摸索和发展，拥有了一支有力量的变频器研发队伍；随着电子和电气行业的发展，国内专业化配套企业已有了相当的规模，协作加工方便，质量也不错；元器件质量得到提高，改善了生产质量。鉴于上述原因，国产变频器的产量、质量和市场占有率都有了很大提高。目前，国内品牌中比较活跃的有成都希望公司的森兰、深圳康沃、深圳安邦心、浙江海利、山东风光、北京利德华福、北京先行、北京东方凯奇、北京天宠、北京时代等。

除了工业相关行业外，在普通家庭中，节约电费、提高家电性能、保护环境等受到越来越多的关注，变频家电成为变频器的另一个广阔市场和应用趋势。带有变频控制的冰箱、洗衣机、家用空调等，在节能、减小电压冲击、降低噪声、提高控制精度等方面有很大优势。我国是世界上最主要的家电供应国，但家电采用变频器的比例还很低，而在日本，90%以上的家电都是变频控制，因此，变频家电具有非常好的发展潜力。

1.2　电力电子器件在变频器中的应用

1.2.1　变频器中常用的电力电子器件

在变频器主电路的整流电路和逆变电路中，都要用到电力电子器件。目前用于变频器的电力电子器件主要有晶闸管、门极可关断晶闸管、双极型功率晶体管、功率场效应管、绝缘栅双极型晶体管，以及智能功率模块等。下面介绍几种变频器中经常用到的电力电子器件。

1. 晶闸管

晶闸管是一种不具有自我关断能力的电力电子器件。关断时要使正向阳极电流减小到维持电流以下，或者在阳极与阴极之间加反向电压，形成强迫电流促使晶闸管关断。但晶闸管有较好耐过流特性，所以在大容量（10MV·A 以上）变频器中得到广泛应用。

2. 门极可关断晶闸管（Gate-Turn-Off Thyristor，GTO）

它是通过门极信号进行开通和关断的晶闸管。它不需要外部的强迫电流回路，但门极驱动回路较复杂。设计时要注意缓冲回路和主回路的配线。目前大容量的变频器大量采用 GTO 代替晶闸管。

3. 双极型功率晶体管

双极型功率晶体管是一种内部采用达林顿连接的电力电子器件。这种连接可以提高电流放大倍数，减小基极驱动电流。与 GTO 类似，它不需要强迫电流回路。利用双极型功率晶体管组成的换流电路具有开关速度快、功耗小等特点，这种晶体管已经被广泛应用于中小容量、要求开关速度较高的 PWM 变频器中。

4. 功率场效应管

功率场效应管是根据门极电压的电场效应进行导通、关断的单极晶体管。它具有开关速度快、损耗小、驱动电流小、耐过电流和抗干扰能力强、安全工作区宽和无二次击穿现象等特点，近年来被应用于小容量变频器中。

5. 绝缘栅双极型晶体管（Insulated Gate Bipolar Transistor，IGBT）

IGBT 的结构与功率场效应管的结构相似，但 IGBT 是利用电导调制来降低通态导通损耗。它具有输入阻抗高、开关速度快、驱动电路简单和通态电压低、耐压高等特点，因此备受欢迎，并广泛应用在载频在 $10\sim15$kHz 的低噪声变频器中。

6. 智能功率模块(Intelligent Power Module,IPM)

智能功率模块是先进的混合集成功率器件,由高速、低功耗的 IGBT 芯片和优化的门极驱动及保护电路构成,而且内藏过电压、过电流和过热等故障检测电路,可靠性得到了很大的提高。

目前市场上出现的 IPM 有 4 种封装形式:单管封装、双管封装、六管封装和七管封装。随着电力电子技术的发展,大容量的 IPM 必将不断出现,并将被广泛应用到变频器中。

1.2.2 其他电力电子器件

1. MOS 控制型晶闸管(MOS Controlled Thyristor,MCT)

MCT 属于单极型和双极型器件组合而成的复合器件,其输入侧为 MOSFET 结构,而输出侧为晶闸管结构,因此兼有 MOSFET 的高输入阻抗、低驱动功率、快速开关与晶闸管的高压、大电流的特性。同时,它又克服了晶闸管开关速度慢且不能自关断以及 MOSFET 通态压降大的缺点,具有耐高温的优点。

2. 集成门极换流晶闸管(Integrated Gate-Commutated Thyristor,IGCT)

IGCT 又称为门极换流晶闸管(Gate-Commutated Thyristor,GCT),是一种改进型 GTO 和集成门极驱动器组成的新型 GTO 组件,具有晶闸管高电压、大电流、低导通损耗和 IGBT 的关断均匀、开关速度快以及无缓冲电路、可靠性好、紧凑、安全等特点。目前 IGCT 已经应用于电压等级为 2.3kV、3.3kV、4.16kV、6.9kV,功率范围为 0.5~100MV·A 的装置中。

3. 静电感应晶闸管(Static Induction Thyristor,SITH)

SITH 的特点:通态电阻小,正向压降低,允许电流密度大,耐压高;开关速度快,损耗小;工作频率可达 100kHz 以上,比 GTO 高出 1~2 个数量级;可控功率达 100kW 以上。SITH 的制造工艺比 GTO 复杂得多,并且关断时需要较大的门极驱动电流,其关断电流增益也比 GTO 低。

各种电力电子器件的符号及等效电路见表 1-1。

表 1-1 各种电力电子器件的符号及等效电路

类型	双极型器件					单极型器件		复合器件	
名称	PN结整流二极管	电力晶体管	达林顿晶体管	普通晶闸管	门极可关断晶闸管	静电感应晶闸管	功率场效应晶体管	静电感应晶体管	绝缘栅双极型晶体管	MOS 控制型晶闸管
代号		GTR		SCR	GTO	SITH	功率 MOSFET	SIT	IGBT	MCT
等效电路与符号										

表 1-2 是常用的全控电力电子器件的参数和各种性能的比较。从表中可以看出,电流控

制器制造相对容易,但使用难度较大;而电压控制型器件制造较难,使用却比较方便。

表 1-2　全控型电力电子器件的比较

器 件 名 称	GTR	GTO	IGBT	VDMOS	SIT	SITH
控制方式	电流	电流	电压	电压	电压	电流
常态	阻断	阻断	阻断	阻断	导通/关断	导通/关断
反向电压阻断能力/V	<50	500~6500	200~2500	0	0	500~4500
正向电压阻断能力/V	100~1400	500~9000	200~2500	50~1500	50~1500	500~4500
正向电流范围/A	400	3500	400~1000	100~120	200	2200
正向导通电流密度/(A/cm^2)	30	40	60	6	30	100~500
浪涌电流耐量	3 倍额定量	10 倍额定量	5 倍额定量	5 倍额定量	5 倍额定量	10 倍额定量
最大开关速度/kHz	5	10	50	20 000	200 000	100
门栅极驱动功耗	高	中等	很低	低	低	中等
du/dt	中等	低	高	高	高	高
di/dt	中等	低	高	高	高	中等
最高工作结温/℃	150	125	200	200	200	200
抗辐射能力	差	很差	中等	中等	好	好
制造工艺	复杂	复杂	很复杂	很复杂	很复杂	很复杂
典型线宽/μm	20	50	10	5	5	5
使用难易程度	较难	难	中等	很容易	容易	容易

1.3　变频器调速控制系统的优势

与传统交流拖动系统相比,利用变频器对交流电动机进行调速控制有许多优点。

1. 节能

在许多情况下,使用变频器的目的是节能,尤其是对风机、泵类负载来说,通过变频器进行调速控制可以代替传统上利用挡板和阀门进行的风量、流量和扬程的控制,所以节能效果非常明显。

2. 调速范围宽

在采用变频器的交流拖动系统中,异步电动机的调速控制是通过改变变频器的输出频率实现的。因此,在进行调速控制时,可以通过控制变频器的输出频率使电动机工作在转差较小的范围内,使电动机的调速范围变宽,达到提高运行效率的目的。一般来说,通用型变频器的调速范围可以达到 1∶10 以上,高性能的矢量控制的变频器的调速范围可以达到 1∶1000。此外,当采用矢量控制方式的变频器对异步电动机进行调速控制时,还可以直接控制电动机的输出转矩。因此,高性能的矢量控制变频器与变频器专用电动机的组合在控制性能方面可以达到甚至超过高精度直流伺服电动机的控制性能。

3. 容易实现电动机的正、反转切换

利用普通的电网电源运行的交流拖动系统,为了实现电动机的正、反转切换,必须利用开闭器等装置对电源进行换相切换。利用变频器进行调速控制时,只需改变变频器内部逆变电路换流器件的开关顺序即可达到对输出进行换相的目的,很容易实现电动机的正、反转切换,而不需要专门设置正、反转切换装置。

另外,对在电网电源下运行的电动机进行正、反转切换时,如在电动机还未停止时就进行相序的切换,电动机内部会由于相序的改变而流过大于起动时的电流,有烧毁电动机的危险。

采用变频器的交流调速,由于可以通过改变变频器的输出频率使电动机按照斜坡函数的规律进行减速,并在电动机减速至低速范围后再进行相序切换,进行相序切换时电动机的电流可以很小。同样,在电动机加速过程中,可以通过改变变频器的输出频率使电动机按照斜坡函数的规律进行加速,从而达到限制加速电流的目的。

4. 可以对电动机进行高速驱动

高速驱动是变频器调速控制的最重要的优点之一。对于直流电动机来说,由于受电刷和换向环等因素的制约,无法进行高速运转。但是,对于异步电动机来说,由于不存在换向问题,所以其转速为

$$n = (1-s)\frac{60f}{p} \tag{1-1}$$

式中:n——异步电动机的转速,r/min;

f——异步电动机的频率,Hz;

s——电动机转差率;

p——电动机极对数。

由式(1-1)可看出,改变极对数,最高转速只能达到 3000r/min(此时频率为标准频率50Hz);但改变频率、最高转速可以达到 18 000r/min(此时频率由 50Hz 提升至 300Hz)。而且随着变频器技术的发展,高频变频器的输出频率也在不断提高,因此进行更高速度的驱动也将成为可能。

此外,与采用机械增速装置的高速驱动系统相比,由于采用高频变频器的高速驱动不存在异步电动机以外的机械装置,其可靠性更好,而且保养和维修也更加简单。

5. 可以用一台变频器对多台电动机进行调速控制

由于变频器本身对外可以看成一个可进行调频调压的交流电源,所以可以用一台变频器同时驱动多台异步电动机或同步电动机,从而达到节约设备投资的目的。

当用一台变频器同时驱动多台电动机时,若驱动对象为同步电动机,则所有的电动机将会以同一速度运转;而当驱动对象为容量和负载都不相同的异步电动机时,则由于转差,各电动机之间会存在一定的速度差。

6. 可以组成高性能的控制系统

随着控制理论、交流调速理论和电子技术的发展,变频器技术也得到了充分重视和发展。目前,由于高性能变频器和专用异步电动机组成的控制系统在性能上已经达到甚至超过了直流电动机伺服系统,并且异步电动机还具有对环境适应性强、维护简单等许多直流伺服电动机所不具备的优点,所以在许多需要进行高速、高精度控制的应用中,这种高性能的交流调速系统正在逐步替代直流伺服系统。而且由于高性能的变频器的外部接口功能也非常丰富,可以将其作为自动控制系统中的一个部件使用,构成所需的自动控制系统。

1.4 本章小结

本章主要介绍了国内外变频器的发展情况、电力电子器件在变频器中的应用以及变频器调速控制系统的优势,为研究变频器打下一定基础。了解变频器的发展历程和变频器未来的发展方向,掌握常见的电力电子器件,熟悉变频器控制的优点(如节能,调速范围宽,容易实现电动机的正、反转切换,可以对电动机进行高速驱动,可以用一台变频器对多台电动机进行调速控制以及可以组成高性能的控制系统等),有助于学习变频器的理论。

思考题与习题

1. 变频器是如何发展的？
2. 变频器将向什么方向发展？
3. 常用变频器中的电力电子器件有哪些？
4. 对各种电力电子器件进行比较。
5. 变频器控制的优势有哪些？
6. 目前国外变频调速控制有哪些特点？
7. 简述变频器的应用领域。

第 2 章

变频器的工作原理及结构

2.1 变频器的基本工作原理

由变频器的概念可知,变频器是把工频电变换成各种频率交流电的一种设备,即为电动机提供电力的特殊电源设备。变频器将一种功率形式的电源转换为另一种功率形式的电源,提供给电动机进行变速运转,也就是运动控制系统中的功率变换器。

工频指工业上用的交流电源的频率,单位为赫兹(Hz)。工频通常指市电频率,中国电力工业的市电标准频率定为 50Hz,有些国家(如美国)或地区则定为 60Hz。

在我国,工频电源就是频率为 50Hz 的、没有经过变频或调压的供电电源,常用的工频电源为 AC220V 或者 AC380V、频率为 50Hz 的交流电。变频器就是将这样的交流电,根据用户要求,转换为所需要频率的交流电供给电动机运转。

交流电动机的同步转速表达式为

$$n = (1-s)\frac{60f}{p} \tag{2-1}$$

由式(2-1)可知,转速 n 与频率 f 成正比,只要改变频率 f 即可改变电动机的转速,当频率 f 在 0~50Hz 的范围内变化时,电动机转速调节范围非常宽。变频器就是通过改变电动机电源频率实现速度调节的,这是一种理想的高效率、高性能的调速手段。

2.2 变频调速的控制方式

在对异步电动机进行调速时,通常要考虑的一个重要因素是:希望保持电动机中每极磁通量为额定值不变。如果磁通太弱,没有充分利用电动机的铁芯,是一种浪费;如果过分增大磁通,又会使铁芯饱和,从而导致过大的励磁电流,严重时会因绕组过热而损坏电动机。对直流电动机而言,励磁系统是独立的,只要对电枢的补偿合适,保持 Φ_m 不变是很容易实现的。对交流电机而言,磁通是由定子和转子磁势合成产生的,那么如何才能保持磁通恒定呢?

三相异步电动机定子每相电动势的有效值为

$$E_1 = 4.44f_1N_1\Phi_m \tag{2-2}$$

式中: E_1 ——气隙磁通在定子每相中感应电动势有效值,V;

f_1 ——定子频率,Hz;

N_1 ——定子每相绕组串联匝数;

Φ_m ——每极气隙磁通量,Wb。

由式(2-2)可知,只要控制好 E_1 和 f_1,就可达到控制磁通的目的。

1. 基频以下的恒磁通变频调速

由式(2-2)可知,要保持 Φ_m 不变,当频率 f_1 从额定值向下调节时,必须降低 E_1,使 E_1/f_1=常数,即采用恒定的电动势频率比的控制方式。这种控制又称为恒磁通变频调速,属于恒转矩调速方式。然而,绕组中的感应电动势是难以直接控制的,当电动势值较高时,可以忽略定子绕组的漏磁阻抗压降,而认为定子相电压 $U_1 \approx E_1$,则有 U_1/f_1=常数。这就是恒压频比的控制方式,是近似的恒磁通控制。

在低频时,U_1 和 E_1 都较小,定子阻抗压降所占的分量就比较显著,不能再忽略。这时,可以人为地把电压 U_1 抬高一些,以便近似地补偿定子压降。带定子压降补偿的恒压频比控制特性如图 2-1 中的 b 线所示,无补偿的控制特性如图 2-1 中的 a 线所示。

2. 基频以上恒功率调速

在基频以上调速时,频率可以从 f_1 往上增高,但电压 U_1 却不应超过其额定值 U_{1N},最多只能保持 $U_1 = U_{1N}$。由式(2-2)可知,这将迫使磁通与频率成反比地降低,相当于直流电动机中弱磁升速的情况,属于近似的恒功率调速方式。

把基频以上和基频以下两种情况结合起来,可得到如图 2-2 所示的异步电动机变压变频调速控制特性。

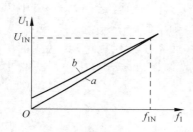

图 2-1 恒压频比控制特性

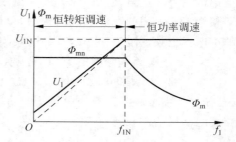

图 2-2 异步电动机变压变频调速控制特性

在"U_1/f_1=常数"的条件下,异步电动机变频调速的机械特性如图 2-3 所示。图 2-3(a)是"U_1/f_1=常数"的机械特性,在低压时由于定子电阻压降的影响使机械特性向左移动,这是磁通减小造成的。图 2-3(b)所示是采用了定子电压补偿时的机械特性。图 2-3(c)是端电压补偿的 U_1 与 f_1 之间的函数关系。

从图 2-3 中可看出,补偿后的机械特性没有向左移动。

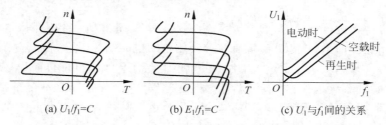

(a) U_1/f_1=C   (b) E_1/f_1=C   (c) U_1 与 f_1 间的关系

图 2-3 异步电动机变频调速的机械特性

2.3 变频器的构成

2.3.1 变频器的结构图

变频器是将工频电变为电压、频率可调的三相交流电的设备。它可分为两大部分,即主电路和控制电路。主电路主要由整流和逆变两部分组成；控制电路主要包括计算机控制系统、键盘与显示、内部接口及信号检测与传递、供电电源、外接控制端子等。图 2-4 给出了一个典型的电压控制型通用变频器的基本结构图。变频器有很多种类型，如果是矢量控制，其运算电路中有时还有一个以 DSP（数字信号处理器）为主的转矩计算用 CPU 以及相应的磁通检测调节电路等。

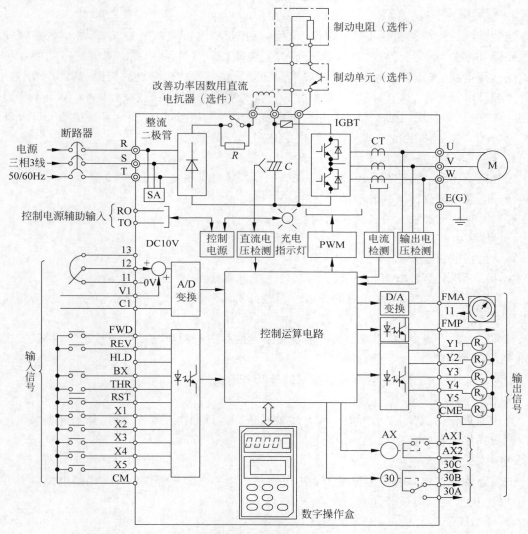

图 2-4 变频器的基本结构

2.3.2 变频器内部电路的基本功能

1. 主电路

如图 2-4 所示，变频器的主电路是从整流到逆变的整个功率电路。

三相变频器的整流电路一般由三相全波整流桥组成。它的主要作用是对工频的外部电源进行整流，并给逆变电路和控制电路提供所需要的直流电源。整流电路按其控制方式可以是直流电压源，也可以是直流电流源。

直流中间电路的作用是对整流电路的输出进行滤波，以保证逆变电路和控制电路能够得到质量较高的直流电源。当整流电路是电压源时，直流中间电路的主要元件是大容量的电解电容；而当整流电路是电流源时，中间电路则主要由大容量电感组成。此外，由于电动机制动的需要，在直流中间电路中有时还包括制动电阻以及其他辅助电路。

逆变电路是变频器最主要的部分之一，它的主要作用是在控制电路的控制下将滤波电路输出的直流电源转换为频率和电压都任意可调的交流电源。逆变电路的输出就是变频器的输出，它被用来实现对异步电动机的调速控制。

2. 控制电路

变频器的控制电路包括主控制电路、信号检测电路、门极驱动电路、外部接口电路以及保护电路等几部分，也是变频器的核心部分。控制电路的主要作用是将检测电路得到的各种信号送至运算电路，使运算电路能够根据要求为变频器主电路提供必要的门极（基极）驱动信号，并对变频器以及异步电动机提供必要的保护。此外，控制电路还通过 A/D、D/A 等外部接口电路接收、发送多种形式的外部信号和给出系统内部工作状态，以便使变频器能与外部设备配合进行各种高性能的控制。在控制电路中又有多个控制板块。

1）控制运算电路

控制运算电路，一般采用单片机作为控制中心，其功能主要如下：

（1）接收从键盘输入的各种信号。

（2）接收从外部输入的各种控制信号。

（3）接收内部输入的采样信号。

（4）完成正弦波脉宽调制（SPWM），对收到的各种信号进行判断和运算，产生相应的 SPWM 指令，分配给各 IGBT 的驱动电路，使主电路得到 SPWM 波逆变输出。

（5）发出显示信号，向显示发光二极管、显示屏、显示板发出各种显示信号，以指示变频器的工作状态。

（6）发出保护指令，变频器必须根据各种采样信号随时判断其工作是否正常，一旦发现工作异常，迅速发出保护指令进行保护。

（7）通过外接端子向外电路发出控制信号及显示信号。

2）操作面板

操作面板包括键盘、显示屏等。键盘主要是进行运行操作或程序预置，显示屏主要是显示主控制板提供的各种显示数据。

3）电源

变频器的控制电路各个部分所需要的电源是由内部电源板提供的。其内部电源具有电压稳定性好、抗干扰能力强等优点，并与主电路有很好的隔离。

4）外部端子

外部端子分为主电路端子和控制电路端子，控制电路端子有输入接点控制、输入模拟控制、输出接点控制、输出集电极开路控制及模拟信号指示等。

2.4　正弦波脉宽调制（SPWM）逆变器

在异步电动机恒转矩的变频调速系统中，随着变频器输出频率的变化，必须相应地调节其输出电压。此外，在变频器输出频率不变的情况下，为了补偿电网电压和负载变化所引起的输出电压波动，也应适当地调节其输出电压。具体实现调压和调频的方法有很多种，但一般按变频器的输出电压和频率的控制方法分为脉幅调制（Pulse Amplitude Modulation，PAM）和脉宽调制（Pulse Width Modulation，PWM）。

PAM 是一种通过改变电压源的电压 U_d 或电流源 I_d 的幅值,进行输出控制的方式。它在逆变器部分只控制频率,在整流电路和中间电路部分控制输出的电压或电流。由于 PAM 存在一些固有的缺陷,所以在目前的变频器中已很少应用。

2.4.1 SPWM 逆变器的基本原理

全控型电力电子器件的出现,使得性能优越的脉宽调制(PWM)逆变电路应用日益广泛。这种电路的特点主要是可以得到相当接近正弦波的输出电压和电流,所以也称为正弦波脉宽调制(Sine PWM,SPWM)。SPWM 控制方式就是对逆变电路开关器件的通断进行控制,使输出端得到一系列幅值相等而宽度不等的脉冲,用这些脉冲来代替正弦波所需要的波形。按一定的规则对各脉冲的宽度进行调制,既可改变逆变电路输出电压的大小,也可改变输出频率。

由于早期的电力电子器件开关频率不高,变频器输出的脉冲电压脉动较大,对电动机供电会存在谐波损耗和低速运行时出现转矩脉动等问题,变频器输出的波形难以形成纯正弦波。随着电力电子技术的发展,各种半导体开关器件的可控性和开关频率得到了提高,变频器可以输出正弦波的波形。

PWM 技术的理论基础是控制理论中的面积等效控制原理:面积相等而形状不同的窄脉冲,分别加在具有惯性环节的输入端,其输出的相应波形基本相同。也就是说,尽管脉冲形状不同,但只要脉冲的面积相等,把它们分别加在相同惯性的同一环节上,其作用效果基本相同。利用这个理论,想办法使变频器输出一系列等幅不等宽的脉冲来代替正弦波。

将图 2-5(a)所示的正弦半波 n 等分,然后把每一等分的正弦曲线与横轴所包围的面积都用一个与此面积相等的矩形脉冲来代替,矩形脉冲的幅值相等,各脉冲的中点与正弦波每一等分的中点相重合。这样组成的等幅不等宽的矩形脉冲波形就与正弦波的半周等效,称作 SPWM 波形,如图 2-5(b)所示。同样,负半周也可以用相同的方法等效出一系列的负脉冲。

图 2-5(b)所示的矩形脉冲系列就是所期望的变频器输出波形。通常将输出为 SPWM 波形的变频器称为 SPWM 型变频器。显然,若要使变频器输出图 2-5(b)所示的波形,则驱动逆变电路的相应开关器件的信号也应为与图 2-5(b)所示形状相似的一系列脉宽波形。由于各脉冲的幅值相等,所以逆变器可由恒定的直流电源供电,即变频器中整流后得到的直流。

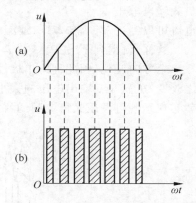

图 2-5 与正弦波等效的等幅脉冲波

控制逆变器中各开关器件通断的一系列波形,可以采用计算的方法求得,也可采用通信技术中的"调制"方法得到。采用调制的方法得到控制波形,就是将所期望的波形作为调制波,而受它调制的信号称为载波。通常采用等腰三角波作为载波,因为等腰三角波是上下宽度线性对称地变化,当它与任何一个光滑的曲线相交时,在交点的时刻控制开关器件通断,即可得到一组等幅而脉宽正比于该曲线函数值的矩形脉冲,这正是 SPWM 所需要的结果。

2.4.2 SPWM 逆变器的调制方式

按照调制脉冲的极性关系,PWM 逆变电路的控制方式分为单极性 SPWM 控制和双极性 SPWM 控制两种。下面以单相桥式 SPWM 逆变电路为例,分析两种控制方式原理(见图 2-6)。

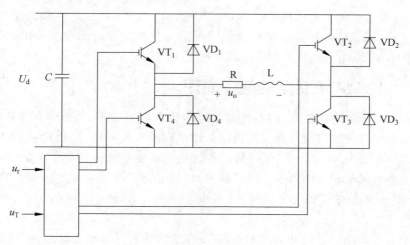

图 2-6　单相桥式 SPWM 逆变电路

1. 单极性 SPWM 控制

设定载波 u_r，调制波 u_T，如图 2-7(a)所示。

在 u_r 正半周，让 VT$_1$ 一直保持通态，VT$_4$ 保持断态。当 $u_r > u_T$ 时，控制 VT$_3$ 为通态，负载输出电压 $u_o = U_d$；当 $u_r < u_T$ 时，控制 VT$_3$ 为断态，负载输出电压为 $u_o = 0$，此时负载电流可以经过 VT$_1$ 与 VD$_2$ 续流。

在 u_r 负半周，让 VT$_4$ 一直保持通态，VT$_1$ 保持断态。当 $u_r < u_T$ 时，控制 VT$_2$ 为通态，负载输出电压 $u_o = -U_d$；当 $u_r > u_T$ 时，控制 VT$_2$ 为断态，负载输出电压为 $u_o = 0$，此时负载电流可以经过 VT$_4$ 与 VD$_3$ 续流。

这样，就得到了 SPWM 波 u_o，如图 2-7(b)所示，可见在任意半个周期内，SPWM 波只能在一个方向变化，因此称为单极性 SPWM 控制方式。由于改变的 u_r 幅值时，调制波的脉宽随之改变，从而改变输出电压的大小；而改变 u_r 的频率时，输出电压的基波频率也随之改变，这就实现了既可调压又可调频的目的。

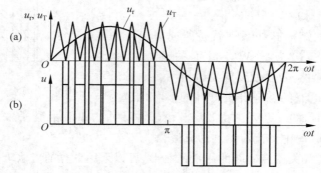

图 2-7　单极性 SPWM 控制波形

2. 双极性 SPWM 控制

设定调制波 u_r、载波 u_T 改为正负两个方向变化的等腰三角波，如图 2-8(a)所示。当 $u_r > u_T$ 时，控制 VT$_1$ 和 VT$_3$ 为通态，而给 VT$_2$ 和 VT$_4$ 关断信号，负载输出电压 $u_o = U_d$；当 $u_r < u_T$ 时，控制 VT$_2$ 和 VT$_4$ 为通态，而给 VT$_1$ 和 VT$_3$ 关断信号，负载输出电压 $u_o = -U_d$。这样，得到 SPWM 波 u_o，如图 2-8(b)所示。可见，在任意半个周期内，SPWM 波在正、负两个方向交替，因此称为双极性 SPWM 控制方式。改变 u_r 的幅值和频率，即可达到调压、调频的目的。

在双极性 SPWM 控制中同一半桥上下两个桥臂晶体管的驱动信号极性恰好相反，处于互

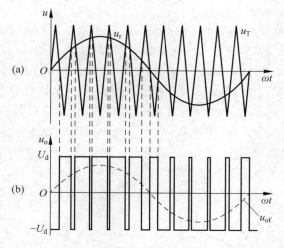

图 2-8　双极性 SPWM 控制波形

补工作方式。当负载为感性负载时，由于负载电流不能突变，其续流是由二极管完成的。例如，由 VT_1 和 VT_3 导通切换到 VT_2 和 VT_4 时，由于感性负载的电流不能突变，由 VD_2、VD_4 续流，也就是说 VT_2 和 VT_4 不能立刻导通。当负载电流较大时，直到下一次 VT_1 和 VT_3 重新导通前，负载电流方向始终未变，一直由 VD_2、VD_4 续流，VT_2 和 VT_4 始终未开通。当负载电流较小时，在其降到零之前，由 VD_2、VD_4 续流，之后 VT_2 和 VT_4 导通，负载电流反向。不论 VD_2、VD_4 导通还是 VT_2、VT_4 导通，负载输出电压都是 $u_o = -U_d$。由 VT_2、VT_4 导通切换到 VT_1、VT_3 时，与上述情况类似。

3. 变频器三相桥式 SPWM 逆变电路

如图 2-9（a）所示为变频器常用的三相桥式 SPWM 逆变电路。由电路结构可见，其控制方式为双极性控制，如图 2-9（b）所示。

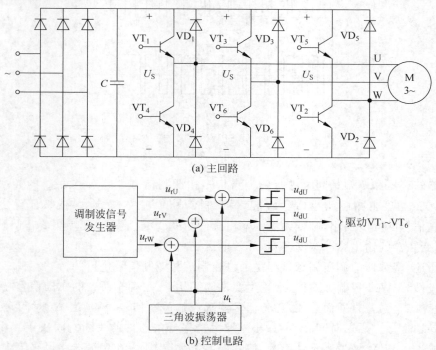

图 2-9　三相桥式 SPWM 变频器电路原理图

1）调频原理

U、V、W 三相载波信号共用一个三角载波 u_T，三相调制信号 u_{rU}、u_{rV}、u_{rW} 为相位依次相差 120° 的正弦波，如图 2-10（a）所示。改变三相调制信号 u_{rU}、u_{rV}、u_{rW} 的频率，即可改变变频器的输出频率，达到变频的目的。现在以 U、V、W 三相中的 U 相为例来说明电路的控制过程。当 $u_{rU} > u_T$ 时，让 VT$_1$ 保持通态，VT$_4$ 保持断态，则 U 相相对于电源假想中性点 N' 的输出电压 $u_{UN'} = U_d/2$；当 $u_{rU} < u_T$ 时，让 VT$_4$ 保持通态，VT$_1$ 保持断态，则 U 相相对于电源假想中性点 N' 的输出电压 $u_{UN'} = -U_d/2$，VT$_1$ 和 VT$_4$ 的驱动信号始终是互补的。当给 VT$_1$（VT$_4$）加导通信号时，可能是 VT$_1$（VT$_4$）导通，也可能是二极管 VD$_1$（VD$_4$）续流导通，这要由感性负载中原来电流的方向和大小来决定，和单相桥式 PWM 逆变电路双极性控制时的情况相同。V 相和 W 相的控制方式和 U 相相同。$u_{UN'}$、$u_{VN'}$ 和 $u_{WN'}$ 的波形如图 2-10（b）所示。

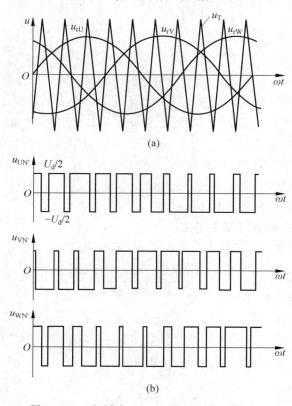

图 2-10　三相桥式 SPWM 逆变电路工作原理

2）调压原理

变频器的调压和调频是同时进行的。当将三相调制信号 u_{rU}、u_{rV}、u_{rW} 的频率调低（高）时，3 个信号的幅度也相应调小（调大），使得调制信号的 U/f 为常数，或按照设定的要求变化。若调制信号的幅度变小，则变频器的输出脉冲宽度变窄，等效电压变低；若调制信号的幅度变大，则变频器的输出脉冲宽度变宽，等效电压变高。

综上所述，变频器的调压调频过程是通过控制三相调制信号进行的。

在双极性 SPWM 控制方式中，理论上要求同一相上、下两个桥臂的驱动信号互补，但实际上为了防止上、下两臂直通而造成短路，通常要求先加关断信号，再延迟 Δt 时间，然后才给另一个施加导通信号。延迟时间 Δt 的大小主要由功率开关器件的关断时间决定。由于这个延时将会给输出 SPWM 波带来不利影响，使其偏离正弦波，所以在保证电路可靠工作的前提下，延迟时间要尽可能短。

2.4.3 SPWM 波的实现

2.4.2 节分析了变频器输出 SPWM 波的原理,实现控制功率器件开关的 SPWM 波是变频器输出波形的关键问题。在这里主要介绍如何根据三角载波与正弦调制波的交点来确定功率器件的开关时刻,从而得到幅值不变而宽度按正弦规律变化的一系列脉冲。计算 SPWM 的开关点是 SPWM 信号生成中的一个难点。生成 SPWM 波的方法有多种,但其目标只有一个,即尽量减少逆变器的输出谐波分量和计算机的工作量,使计算机能更好地完成实时控制任务。关于开关点的算法可分为两种:一种是采样法;另一种是最佳法。采样法是从载波与调制波相比较产生 SPWM 波思路出发,导出开关点算法,然后按此算法实时计算或离线算出开关点,通过定时控制,发出驱动信号的上升沿或下降沿,形成 SPWM 波。最佳法是预先通过某种指标下的优化计算,求出 SPWM 波的开关点,其突出优点是可以预先去掉指定阶次的谐波。最佳法计算的工作量很大,一般要先离线算出最佳开关点,以表格形式存入内存,运行时再查表进行定时控制,发出 SPWM 信号。下面讨论几种常用的算法。

1. 自然采样法

自然采样法就是根据 SPWM 逆变器的工作原理,在正弦波和三角波的自然交点时刻控制功率开关元件的通断。如图 2-11 所示,截取任意一段正弦波与三角波的一个周期长度内的相交情况。A 点为脉冲发生时刻,B 点为脉冲结束时刻,在三角波的一个周期 T_t 内 t_2 为 SPWM 波的高电平时间,称为脉宽时间,t_1 与 t_3 则为低电平时间,称为间隙时间。

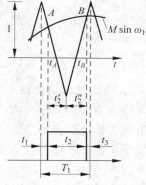

图 2-11 自然采样法

定义调制波与载波的幅值比为调制比 $M = U_{rm}/U_{tm}$,设三角载波幅值 $U_{tm} = 1V$,则调制波为

$$u_r = M\sin\omega_1 t \tag{2-3}$$

式中,ω_1 为调制波角频率,即输出频率,rad/s。

A、B 两点对三角载波的中心线来说是不对称的,因此,t_2 分成的 t_2' 和 t_2'' 两个时间段是不等的,联立求解两对相似直角三角形,则

$$\frac{t_2'}{T_t/2} = \frac{1 + M\sin\omega_1 t_A}{2} \tag{2-4}$$

$$\frac{t_2''}{T_t/2} = \frac{1 + M\sin\omega_1 t_B}{2} \tag{2-5}$$

得

$$t_2 = t_2' + t_2'' = \frac{T_t}{2}\left[1 + \frac{M}{2}\sin\omega_1 t_A + \sin\omega_1 t_B\right] \tag{2-6}$$

自然采样法虽然能真实地反映脉冲产生与结束的时刻,却难以在实时控制中在线实现,因为 t_A 与 t_B 都是未知数,$t_1 \neq t_3$,$t_2' \neq t_2''$,需要花费较多的计算时间。即使可先将计算结果存入内存,在控制过程中查表定时,也会因参数过多而占用计算太多内存和时间,所以,此法仅限于调速范围有限的场合。

2. 规则采样法

图 2-12 所示为规则采样法的两种方法,第一种方法如图 2-12(a)所示,是根据三角载波每一周的正峰值找到正弦调制波上对应点 D,求得基准电压值 u_{rd},然后对三角载波进行采样,

取得脉宽时间,但此方法误差较大。第二种方法与第一种方法不同的是,在三角载波的负峰值时找到正弦波上的对应点 E,求得基准电压 u_{re},再用 u_{re} 对三角载波采样,得到 A、B 两开关点。此时 A、B 两开关点位于正弦波的两侧,如图 2-12(b)所示,其误差减小了很多。

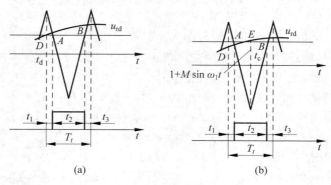

图 2-12　规则采样法

在规则采样法中,每个三角载波周期的开关点都是确定的,所生成的 SPWM 波的脉冲宽度和位置可预先计算出来。由图 2-12(b)的几何关系得到脉宽时间为

$$t_2 = \frac{T_t}{2}(1 + M\sin\omega_1 t_e) \tag{2-7}$$

式中,t_e 为三角载波中点(即负峰值)时刻,s。

间隙时间为

$$t_1 = t_3 = \frac{1}{2}(T_t - t_2) \tag{2-8}$$

3. 指定谐波消去法

以消去某些指定次数(主要是低次谐波)为目的,通过计算来确定各脉冲的开关时刻,这种方法称为指定谐波消去法。在该方法中,已经不用将三角载波和正弦调制波进行比较,但其目的仍是使输出波形尽可能接近正弦波,因此,也算是 SPWM 波生成的一种方法。例如,消去 SPWM 波中的 5 次、7 次谐波。将某一脉冲序列展成傅里叶级数,然后令其 5 次、7 次分量为 0,基波分量为所求值,这样可获得一组联立方程,对方程组求解即可得到为了消去 5 次、7 次谐波各脉冲所应有的开关时刻,从而获得所求的 SPWM 波。

4. SPWM 专用集成电路芯片

目前逆变器中广泛采样电力电子器件,其载波频率均采用高频。完全依靠软件生成 SPWM 波的方法实际上很难适应高开关频率的要求,一些专门发生 SPWM 控制信号的集成电路芯片比用计算机生成 SPWM 信号要方便得多,如 Mullard 公司的 HEF4752、Philips 公司的 MK Ⅱ等。

2.5　变频器的控制方式

异步电动机调速传动时,变频器可以根据电动机的特性对供电电压、电流、频率进行适当的控制,不同的控制方式得到的调速性能、特性以及用途是不同的。控制方式大体可分为开环控制和闭环控制两种。开环控制有 U/f 控制方式,闭环控制有转差频率控制、矢量控制和直接转矩控制等方式。

2.5.1　变频器的 U/f 控制

U/f 控制是在改变电动机电源频率的同时改变电动机电源的电压,使电动机磁通保持恒定,在较宽的调速范围内,电动机的效率、功率因数不下降。因为控制的是电压和频率的比,所以称为 U/f 控制。市场上把这类变频器称为 VVVF(变压变频)。

由式(2-2)可看出,只要控制好 E_1 和 f_1,便可达到控制磁通的目的。而电动势 E_1 很难控制,可考虑控制定子电压 U_1。从定子绕组等效电路可得

$$U_1 = E_1 + (R_1 + jX_1)I_1 \tag{2-9}$$

若忽略电阻和电抗的压降,则定子相电压 $U_1 \approx E_1$,则有 $U_1/f_1 =$ 常数。这就是恒压频比的控制方式,是近似的恒磁通控制。这种控制方式有以下几个特点:

(1) 同步转速与频率成正比,即

$$n_0 = \frac{60f_1}{p_m} \tag{2-10}$$

(2) 转速降落 Δn 在同一转矩下为恒定值,即在恒压频比条件下变频时,机械特性平行移动,如图 2-13 所示。

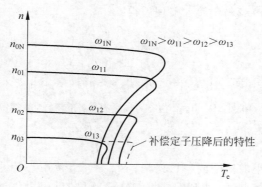

图 2-13　恒压频比控制的变频调速机械特性

(3) 最大电磁转矩随 f_1 的变化而变化。

异步电动机的机械特性方程为

$$T_e = \frac{3p_m U_1^2 R_2'/S}{\omega_1 \left[\left(R_1 + \dfrac{R_2'}{S} \right)^2 + (X_1 + X_2')^2 \right]} \tag{2-11}$$

整理后可得

$$T_{max} = \frac{2}{3} p_m \left(\frac{U_1}{\omega_1} \right)^2 \frac{1}{\dfrac{R_1}{\omega_1} + \sqrt{\left(\dfrac{R_1}{\omega_1} \right)^2 + (L_1 + L_2')^2}} \tag{2-12}$$

$$T_{max} \propto \omega_1 \tag{2-13}$$

由式(2-13)可得出结论,T_{max} 随 ω_1 的降低而减小。一般采用定子电压补偿,即用提高定子电压来提高低频时转矩,图 2-13 中的虚线表示补偿后的恒转矩控制。

这种控制方式比较简单,多用于通用变频器,在风机、泵类机械的节能运转以及一些家用电器等方面得到应用。

2.5.2　转差频率控制

转差频率控制是一种直接控制转矩的控制方式,它是在 U/f 控制的基础上,按照异步电动机的实际转速及其对应的电源频率,并根据希望得到的转矩来调节变频器的输出频率,使电动机具有对应的输出转矩。

转差频率控制的基本思想是采用转子速度闭环控制。速度调节器通常采用 PI 控制,它的输入信号为速度设定信号与电动机实际反馈速度之间的差值,输出信号为转差频率设定信号。变频器的设定频率即电动机定子的电源频率,为转差频率设定值与实际转子转速之和。当电动机带动负载运行时,定子频率设定将会自动补偿由于负载所产生的转差,保持电动机的速度为设定值。速度调节器的限幅值决定了系统的最大转差频率。

转差频率控制需要检出电动机的转速,构成速度闭环,速度调节器的输出为转差频率。

交流异步电动机影响转矩的因素很多,其转矩公式为

$$T_e = C_m \Phi_m I'_2 \cos\varphi_2 \tag{2-14}$$

根据电动机学的基本公式,以 E_1 为中心经过变换,可得机械特性公式为

$$T_e = \frac{3p_m}{\omega_1} \cdot \frac{E_1^2}{\left(\dfrac{R'_2}{s}\right)^2 + \omega_1^2 L'^2_2} \frac{R'_2}{s} = 3p_m \left(\frac{E_1}{\omega_1}\right)^2 \frac{s\omega_1 R'_2}{R'^2_2 + s^2 \omega_1^2 L'^2_2} \tag{2-15}$$

将 $E_1 = 4.44 f_1 N_1 \Phi_m$,$\omega_1 = 2\pi f_1$ 代入整理后得

$$T_e = K_m \Phi_m^2 \frac{\omega_s R'_2}{R'^2_2 + (\omega_s L'_2)^2} \tag{2-16}$$

式中,$\omega_s = s\omega_1$ 为转差频率,rad/s;$K_m = \dfrac{3}{2} p_m N_1^2$ 是常数。

电动机在稳态运行时,s 很小,因而 ω_s 也很小,只有 ω_1 的 5%,可忽略 $\omega_s L'_2$,则转矩可以近似为

$$T_e \approx K_m \Phi_m^2 \frac{\omega_s R'_2}{R'^2_2} \tag{2-17}$$

上式表明,在 s 值很小的范围内,只要保持 Φ_m 不变,转矩与转差频率成正比。和直流机一样,异步电动机可通过控制 ω_s 达到间接控制转矩的目的。

2.5.3　矢量控制

矢量控制(Vector Control,VC)的基本思想是根据电动机的动态数学模型,分别控制异步电动机的转矩电流和励磁电流,使异步电动机具有和直流电动机相类似的控制性能,并认为异步电动机和直流电动机具有相同的转矩产生。

1. 矢量控制的原理

实际上,直流电动机和异步电动机产生转矩的原理有很大区别,异步电动机的磁场是旋转的,它不像直流电动机有固定的磁场 Φ,改变励磁电流可控制磁场的大小,而且直流电动机的磁场与转子电流 I_a 的夹角是 90°。而异步电动机产生磁场的电流(定子电流的一部分)难以直接控制,必须将定子电流分解为励磁电流和转矩电流两部分,这样才能进行转矩控制。

矢量控制的基本原理是将异步电动机在三相坐标系下的定子电流 i_a、i_b、i_c 通过三相-二相变换,等效成两相静止坐标系下的交流电流 i_{a1}、i_{b1},再通过按转子磁场定向旋转变换,等效成同步旋转坐标系下的直流电流 i_m、i_t(i_m 相当于直流电动机的励磁电流;i_t 相当于与转矩成正比的电枢电流),然后模仿直流电动机的控制方法,求得直流电动机的控制量,经过相应的坐标反变换,实现对异步电动机的控制。

图 2-14 为模拟直流机绘制的异步电动机产生转矩的物理模型。图中,三相旋转磁场被一个励磁电流为 i_m 的

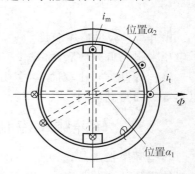

图 2-14　模拟直流机的异步机力矩模型

旋转电磁铁代替。这样,由 i_m 产生的磁通 Φ 的方向和处于位置 α_1 的定子线圈电流 i_t 的方向刚好正交 $90°$,从而和直流电动机一样产生转矩。当转子转动后,定子线圈到达新的位置 α_2,由于 Φ 也在旋转,使 i_t 和 Φ 仍保持 $90°$ 夹角,从而产生新的转矩使转子连续转动。因此,要使异步电动机与直流电动机一样产生转矩并易于控制,必须做到以下几点:

(1) 应设法将定子电流 i_1 按矢量变换分解为 i_t 和 i_m;

(2) 转矩电流 i_t 和 Φ 矢量的夹角始终保持 $90°$;

(3) Φ 应为恒定值或可以控制。

2. 矢量控制系统的应用范围

(1) 要求高速响应的工作机械。如加工工业机器人驱动系统在速度响应上至少需要 100rad/s,矢量控制驱动系统能达到的速度响应最高值可达 1000rad/s,保证机器人驱动系统快速、精确地工作。

(2) 适应恶劣的工作环境。如造纸机、印染机都要求在高湿、高温并有腐蚀性气体的环境中工作,异步电动机比直流电动机更为适应。

(3) 高精度的电力拖动。如钢板和线材卷取机属于张力控制,对电力拖动、静态精确度有很高的要求,能做到高速(弱磁)、低速(点动)、停车时强迫制动。异步电动机用矢量控制后,静差度小于 0.02%,有可能完全代替 V-M 直流调速系统。

(4) 四象限运转。如高速电梯的拖动,过去均用直流拖动,现在也逐步用同步的矢量控制变频调速系统代替。

3. 矢量控制系统的优点

(1) 动态的高速响应。直流电动机受整流的限制,过高的 di/dt 是不容许的。异步电动机只受逆变器容量的限制,强迫电流的倍数可取得很高,故速度响应快,一般可达到毫秒级,在快速性方面已超过直流电动机。

(2) 低频转矩增大。一般通用变频器(VVVF 控制)在低频时的转矩常低于额定转矩,故在 5Hz 以下不能带满负载工作。而矢量控制变频器由于能保持磁通恒定,转矩与 i_t 呈线性关系,故在极低频时也能使电动机的转矩高于额定转矩。

(3) 控制灵活。直流电动机常根据不同的负载对象,选用他励、串励、复励等形式,它们各有不同的控制特点和机械特性。而在异步电动机矢量控制系统中,可使同一台电动机输出不同的特性。在系统内用不同的函数发生器作为磁通调节器,即可获得他励或串励直流电动机的机械特性。

2.5.4 直接转矩控制

1985 年,德国鲁尔大学的 Depenbrock 教授首次提出了直接转矩控制(Direct Torque Control,DTC)变频技术。该技术在很大程度上解决了上述矢量控制的不足,并以新颖的控制思想、简洁明了的系统结构、优良的动静态性能而得到了迅速发展。目前,该技术已成功地应用在电力机车牵引的大功率交流传动上。

直接转矩控制是利用空间电压矢量 PWM 通过磁链、转矩的直接控制,确定逆变器的开关状态来实现控制的。磁通轨迹控制还可用普通的 PWM 控制,实行开环或闭环控制。

直接转矩控制将逆变器和交流电动机作为一个整体进行控制,逆变器所有开关状态的变化都以交流电动机的电磁过程为基础,将交流电动机的转矩控制和磁链控制进行了有机地统一。直接转矩控制估计定子磁链,由于定子磁链的估计只与定子电阻有关,所以对电动机参数的依赖性大大减弱。直接转矩控制采用了转矩反馈的砰-砰控制,在加/减速或负载变化的动态过程中,可以获得快速的转矩响应。

这种控制不需要将交流电动机等效为直流电动机,因而省去了矢量旋转变换中的许多复杂计算;它不需要模仿直流电动机的控制,也不需要为解耦而简化交流电动机的数学模型。

2.5.5　变频器控制的发展方向

随着电力电子技术、微电子技术、计算机网络等高新技术的发展,变频器的控制方式今后将向以下几方面发展。

1. 数字控制变频器的实现

使用数字处理器可以实现比较复杂的控制运算,因此变频器控制的一个重要发展方向将是数字化。目前,变频器数字化主要采用的单片机有 MCS-51 或 80C196MC 等,通过 SLE4520 或 EPLD 液晶显示器等辅助实现更加完善的控制性能。

2. 多种控制方式的结合

每种控制方式有其各自的优缺点,没有一种控制方式是"万能"的。在某些控制场合,需要将一些控制方式结合起来运用方能达到最好的控制效果。例如,将学习控制与神经网络控制相结合,将自适应控制与模糊控制相结合,将直接转矩控制与神经网络控制相结合等。

3. 远程控制的实现

随着计算机网络技术的发展,依靠计算机网络对变频器进行远程控制也是一个重要的发展方向。对变频器远程控制的实现使在一些不适合人类进行现场操作的场合实现控制目标变得容易。

4. 绿色变频器的研发

随着可持续发展战略的提出和人们对环境问题的重视,如何设计出绿色变频器,降低变频器工作时产生的噪声,以及增强其工作的可靠性、安全性等问题,都可以通过采取合适的控制方式来解决。

2.6　变频器的分类

2.6.1　按变换方式分类

变频器按照变换方式主要分为两类:交-直-交变频器和交-交变频器。

1. 交-直-交变频器

交-直-交变频器是先将频率恒定的交流电经过整流电路转换成直流电,再将直流电经过逆变电路转换为频率和电压均可调节的交流电,然后提供给负载(电动机)进行变速控制,如图 2-15 所示。这种类型的变频器由于在输入和输出交流电源转换过程中增加了中间直流环节,因此又称为间接变频器。

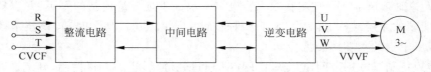

图 2-15　交-直-交变频器的结构框图

由于把直流电逆变成交流电的环节较易控制,因此交-直-交变频器在频率调节范围及改善变频后电动机的特性等方面都有明显优势,是目前广泛采用的变频方式。

2. 交-交变频器

交-交变频器是将工频交流电源直接变换成频率和电压均可连续调节的交流电源,提供给负载进行变速运行的设备。由于没有中间环节,因此又被称为直接变频器。

交-交变频器的主要特点是没有中间环节,因此变换效率较高,但交-交变频器所用元器件数量多,总设备较为庞大。另外,它连续可调的输出频率范围较窄,一般不超过电网频率的1/3~1/2,所以交-交变频器的应用受到限制,一般适用于电力牵引等容量较大的低速拖动系统中,如轧钢机、球磨机、水泥回转窑等。

2.6.2 按主电路工作方式分类

根据交-直-交变频器主电路工作方式的不同,可将交-直-交变频器分为电压型变频器和电流型变频器。

1. 电压型变频器

在电压型变频器中,整流电路或者斩波电路产生逆变电路所需要的直流电压,并通过直流中间电路的电容进行平滑后输出,其主电路如图 2-16(a)所示。整流电路和直流中间电路起直流电压源的作用,而电压源输出的直流电压在逆变电路中被转换为具有所需频率的交流电压。

在电压型变频器中,由于能量回馈给直流中间电路的电容,并使直流电压上升,还需要有专用的放电电路,以防止换流器件因电压过高而被破坏。

2. 电流型变频器

在电流型变频器中,整流电路给出直流电流,并通过中间电路的电感进行平滑后输出,其主电路如图 2-16(b)所示。整流电路和直流中间电路起电流源的作用,而电流源输出的直流电流在逆变电路中被转换为具有所需频率的交流电流,并被分配给各输出相后作为交流电流提供给电动机。在电流型变频器中,电动机定子电压的控制是通过检测电压后对电流进行控制的方式实现的。

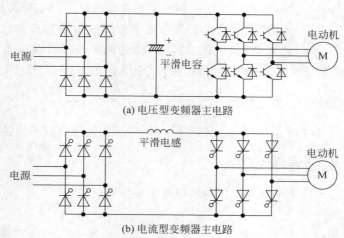

(a) 电压型变频器主电路

(b) 电流型变频器主电路

图 2-16 电压型和电流型变频器的主电路

对于电流型变频器来说,在电动机进行制动的过程中可以通过将直流中间电路的电压反向的方式使整流电路变为逆变电路,并将负载的能量回馈给电源。

2.6.3 按输出电压调节方式分类

变频调速时,需要同时调节逆变器的输出电压和频率,以保证电动机主磁通的恒定。对输出电压的调节主要有 PAM 方式、PWM 方式和高载波频率的 PWM 方式。

1. PAM 方式

脉冲幅值调节方式简称 PAW 方式,是通过改变直流电压的幅值进行调压的方式。在变频器中,逆变器只负责调节输出频率,而输出电压的调节则由相控整流器或直流斩波器通过调节直流电压去实现。采用此种方式,当系统在低速运行时,谐波与噪声都比较大,只有在与高速电动机配套的高速变频器中才采用,现在很少应用。

2. PWM 方式

脉冲宽度调制方式简称 PWM 方式。它的主电路如图 2-17(a)所示。变频器中的整流器采用不可控的二极管整流电路。变频器的输出频率和输出电压的调节均由逆变器按 PWM 方式来完成。调压原理的示意图如图 2-17(b)所示。利用调制电压波 u_R 与载频三角波 u_c 互相比较来决定主开关器件的导通时间而实现调压。这种输出电压的平均值近似为正弦波的 PWM 方式,称为 SPWM 方式。通用变频器中,通常采用 SPWM 方式进行调压。

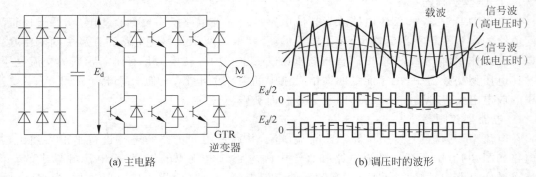

(a) 主电路　　　　　　　　　　　　　　(b) 调压时的波形

图 2-17　PWM 变频器

3. 高载波频率的 PWM 方式

这种方式与前两种方式的区别仅在于调制频率有很大的提高。主开关器件的工作频率较高,普通的功率晶体管已经不能适应,常采用开关频率较高的 IGBT 或 MOSFET。因为开关频率达到 $10\sim20\text{kHz}$,可以使电动机的噪声大幅降低(达到了人耳难以感知的频段)。目前采用 IGBT 高载波频率的 PWM 通用变频器得到广泛应用。

2.6.4　按控制方式分类

变频器按照控制方式可分为 U/f 控制、转差频率控制、矢量控制和直接转矩控制。

2.6.5　按电压等级分类

变频器按电压等级分为低压型变频器和高压型变频器两类。

1. 低压型变频器

这种变频器单相电压为 $220\sim240\text{V}$,三相电压为 220V 或 $380\sim460\text{V}$,容量 $0.2\sim280\text{kW}$,$280\sim500\text{kW}$,一般称为中小容量变频器。

2. 高压型变频器

高压、大容量变频器主要有两种结构形式:一种是采用升、降压变压器,称为"高-低-高"式变频器,也称为间接高压变频器;另一种是采用高压、大容量的 GTO 串联结构,无输入、输出变压器,直接将高压电源整流为直流,再逆变输出高压,称为"高-高"式变频器,也称为直接高压变频器。

2.6.6　按用途分类

目前变频器已经广泛应用于各行各业,为满足不同行业的需要,按照用途变频器可设计成如下几种。

1. 专用型变频器

专用型变频器是为某种具体应用而专门设计的变频器,如风机、水泵、电梯、空调、轧钢机及地铁专用型变频器等。

2. 通用型变频器

通用型变频器是一种具有较强功能的变频器,主要应用在机械传动调速中,机械传动对变频器要求很高,如达不到要求将影响产品质量。因此,通用型变频器的控制方式除了 U/f 控制外,还使用矢量控制技术,使变频器在各种条件下都可保持良好的工作状态。但通用型变频器由于功能全、性能好,其价格也比较高。

2.6.7 按输入电源的相数分类

从输入电源的相数上看,变频器可以分为单相变频器和三相变频器。

1. 单相变频器

单相变频器输入侧是单相交流电,输出侧为三相交流电。一般来说,单相变频器容量较小,家用电器里的变频器均属此类。

2. 三相变频器

三相变频器的输入侧和输出侧均为三相交流电,绝大多数的变频器均属此类。

2.7 本章小结

本章从变频器的基本工作原理切入,引出变频调速的基本控制方式,在基频以上是恒转矩调速,在基频以下是恒功率调速。

变频器主要由两大部分组成,即主电路和控制电路。主电路包括整流和逆变两大部分;控制电路主要包括计算机控制系统、键盘与显示、内部接口及信号检测与传递、供电电源、外接控制端子等。

变频器的核心技术是逆变,通过逆变可改变输出变频器的输出频率。本章重点介绍了变频器输出单极性和双极性 SPWM 波的基本原理,掌握 SPWM 波的调制过程以及如何实现 SPWM 波是本章的重点。

变频器的控制方式分为 4 种,即 U/f 控制、转差频率控制、矢量控制和直接转矩控制。

变频器的种类很多,通常变频器的分类是按照变换方式、中间直流环节的滤波方式、输出电压调节方式、变频器控制方式、电压等级及变频器用途等几方面进行的。

思考题与习题

1. 变频调速的基本控制方式有哪些?
2. 变频调速时,说明改变电源频率的同时必须控制电源电压的原因。
3. 变频器由哪些部分组成?各部分具有什么功能?
4. 简述单极性 SPWM 控制过程。
5. 以 SPWM 逆变器电路为例,说明脉宽调制逆变器电路调压调频的原理。
6. 说明什么是脉冲宽度调制技术。
7. 变频器的控制方式有哪些?简述各控制方式的基本原理。
8. 变频器是怎样分类的?分哪些类型?

第 3 章

变频器的基本功能

通用变频器的功能由最初的模拟控制,发展到以 CPU 为核心的全数字控制。微处理器运算速度的提高和位数的增加,使通用变频器的功能和性能得到了不断的完善和提高。变频器的功能大多数是根据组成变频器的传动系统的需要而设计的,如 U/f 控制、加/减速时间、回避频率、过载保护等功能。

3.1 系统功能

3.1.1 全速度范围转矩补偿

1. 转矩补偿功能

由于电动机转子绕组中阻抗的作用,当采用 U/f 控制方式时,在电动机的低速区域将出现转矩不足的情况,因此,为了在电动机进行低速运行时对其输出转矩进行补偿,在变频器中采用了在低频区域提高 U/f 值的方法。这种方法称为变频器的转矩补偿功能或转矩增强功能。全速度范围自动转矩补偿功能指的是变频器在电动机的加速、减速和稳定恒速运行的所有区域中,可以根据负载情况自动调节 U/f 值,对电动机的输出转矩进行必要的补偿。

2. 常用转矩补偿方法

1) 在额定电压和基本频率下线性补偿

线性补偿曲线如图 3-1 所示。为了补偿较低速时的转矩不足,可将起动电压从 0 提升到最大值的 20%,设置时以 0.1% 步进。为了防止提升过量使电动机过热,要边确认边进行调节。

2) 在额定电压和基本频率下分段补偿

分段补偿曲线如图 3-2 所示。将整个补偿区进行分段补偿,图 3-2(a)所示为正补偿,补偿曲线在标准 U/f 曲线的上方,适用于高转矩运行的场合;图 3-2(b)所示为负补偿,补偿曲线在

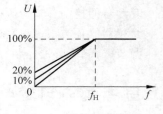

图 3-1 线性补偿曲线

标准 U/f 曲线下方,适应于低转矩运行场合。有的变频器内存储多条补偿曲线,使用时间可通过预置进行调用。

3) 平方补偿

平方补偿曲线如图 3-3 所示,补偿曲线是二次曲线。这种补偿曲线多应用于风机和泵类负载的补偿,因为这类负载的转矩和转速的平方成正比,在低速时将补偿曲线设在基本 U/f 曲线以下,可达到节能的效果。此补偿曲线也可以通过步进的方法设置为适当的值。

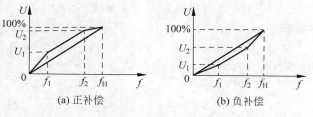

图 3-2　分段补偿曲线

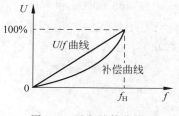

图 3-3　平方补偿曲线

3.1.2　防失速功能

变频器防失速功能包括加速过程中防失速功能、恒速运行过程防失速功能和减速过程中的防失速功能 3 种。

1. 加速防失速

变频器在加速过程中，当电动机由于加速过快出现过电流现象时，变频器会自动减缓加速，限制过电流，不会产生跳闸、失速现象。

2. 恒速防失速

变频器在恒速时负载突然增大，会出现过流跳闸现象，此时变频器将自动降低输出频率，以避免因电动机过电流而出现保护电路动作和停止工作的情况。

3. 减速防失速

对于电压型变频器来说，在电动机减速过程中，回馈能量将使变频器直流中间电路的电压上升，并有可能出现因保护电路动作带来的变频器停止工作的情况。因此，在减速过程中为防失速，在电压保护电路未动作之前暂时停止降低变频器的输出频率或减小输出频率来降低速率。

对于具有上述防失速功能的变频器来说，即使变频器的加速或减速时间设置过短，也不会出现过电流、失速或变频器跳闸现象，所以可以保证变频器驱动能力的发挥。

3.1.3　过载限定运行

过载限定运行是对水泵、鼓风机、搅拌机等作用的机械设备进行保护，并保证运行的连续性。一般可根据电动机电压、电流计算负载转矩，并设定转矩限定值。当电动机的输出转矩达到或超过限定值时，变频器会停止工作，同时给出报警信号。

对允许短时间减速的机械，利用挖土机特性使其自动恢复；对不允许短时间减速的机械，通过触点信号使变频器停机，实现对机械的保护。

3.1.4　无速度传感器简易速度控制功能

无速度传感器简易速度控制功能可提高通用变频器的速度控制精度。当选用该功能时，变频器将通过检测电动机电流而得到负载转矩，并根据负载转矩进行必要的转差补偿，从而提高速度控制精度。在利用该功能时，用对负载转矩进行适时计算的方法检测转矩，正确地根据负载转矩补偿转差。为了能进行转差补偿，必须将电动机的空载电流和额定转差等参数事先输入变频器，并对每台电动机分别进行设定。

3.1.5　带励磁释放型制动器电动机的变频运行

带励磁释放型制动器电动机的变频运行功能是为了使变频器能对带励磁释放型制动器的

电动机进行可靠驱动和调速控制。对于起重机、提升机、自动仓库及电梯来说，为了防止滑落和进行稳定可靠的停止，需要使用带励磁释放型制动器的电动机。控制这种电动机时，变频器中采取了在低频区提高输出电压的同时，设定一个防止电动机长时间流过饱和电流区域的措施，以保证在使用这种电动机时制动器能可靠释放，如图 3-4 所示。

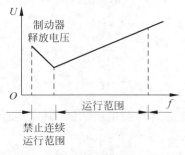

图 3-4 带励磁释放制动器电动机的变频运行

3.1.6 减少机械振动、降低冲击功能

减少机械振动、降低冲击的功能主要用于机床、传送带和起重机等，其目的是减少机械振动、减低冲击、保护机械设备和提高产品质量。通用变频器减轻冲击和机械振动的方法见表 3-1。

表 3-1 通用变频器减轻冲击和机械振动的方法

问 题	作 用	方 法
冲击	减小产生的转矩	调整、切换 U/f 模式
	增加产生的转矩	调节转矩提升增益
	减小加速冲击	选择 S 形特性，调整加速时间
	减小减速冲击	选择 S 形特性，调整减速时间
振动	调整载波频率	调节速度上下限和增益
	调整速度控制增益	改变电动机参数设定值
	避免产生共振	合理设置跳跃频率

3.1.7 运行状态的检测信号功能

该功能主要用于检测变频器的工作状态，根据工作状态设定机械运行的互锁，对机械进行保护并使操作者及时了解变频器的工作状态。表 3-2 列出了运行状态可检测的信号。

表 3-2 运行状态可检测的信号

名 称	内 容
运行中信号	在电动机运行时为"闭合"状态，可作为与停止状态进行互锁的信号
零速信号	当输出变频器在最低频率以下，可为"闭合"状态
速度一致信号	当频率指令和输出频率一致时，可为"闭合"状态
任意速度一致信号	仅在和任意速度一致时，成为"闭合"状态
输出频率检测 1	输出频率高于设定频率时，成为"闭合"状态
输出频率检测 2	输出频率低于设定频率时，成为"闭合"状态
过转矩信号	当电动机转矩超过预定的过转矩检出水准时，成为"闭合"状态；当检测机床刀具损坏和过负载出现时，用于保护信号
低电压信号	当变频器检测出电压过低并切断输出时，成为"闭合"状态；当外部采用了停电对策时，可作为停电检测继电器使用

续表

名　称	内　容
基极遮断信号	当变频器的输出被切断时,该触点总是"闭"状态,用于操作互锁
频率指令急变检测	当检测出频率指令发生设定值 10% 以上的急变时,成为"闭"状态

3.2　频率设定功能

3.2.1　极限频率设定功能

1) 最高频率 f_{max}

变频器工作时允许输出的最高频率,是根据电动机的额定频率设定的。

2) 基本频率 f_b

变频器基本频率就是输出的额定频率,这时的输出电压达到最高值。f_b 和 f_{max} 与输出电压的关系如图 3-5 所示。

3) 上限频率 f_H 和下限频率 f_L

变频器输出的频率设上限和下限,可防止由于操作失误使电动机转速超出应用范围,造成事故和损失。图 3-6 描述了操作信号 X 与输出频率 f 的关系,从图中可看出,当上下限频率给定,操作信号低于 X_L 或高于 X_H,频率以 f_L 或 f_H 恒定输出,使电动机转速不会超出运行范围。

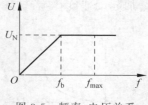

图 3-5　频率、电压关系

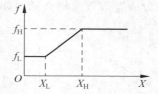

图 3-6　上限和下限频率

3.2.2　加速、减速时间设定功能

1. 加速时间设置

变频器起动时,为了使起动电流不超过允许的最大电流,频率是从 0 开始,经过一定时间上升到工作频率。电动机在恒转矩作用下,转速也从 0 跟随变频器的输出频率逐渐上升到额定转速。变频器从 0 上升到工作频率所用的时间,称为加速时间。

变频器加速时间的设定与电动机的转子及拖动的负载惯性有关系。对大惯性负载,如果变频器的频率上升速度很快,在短时间内达到设定频率,电动机拖动系统由于惯性转速跟不上频率的变化,将使起动电流增加而超过额定电流使变频器过载,因此加速时间要根据负载的大小进行合理设置。

设置加速时间可采用实验方法,先设置较长的加速时间,然后逐渐减小,最后确定最佳时间。有的变频器具有自动最佳加速时间功能,当通过预置选定这一功能时,变频器可以自动地以最佳加速时间运行。

2. 减速时间设置

变频器从正常工作频率下降到 0 所用的时间,称为减速时间。

减速时间的设置也与电动机的拖动负载有关。对于大惯性负载,当变频器减速时间设置得较短,会产生大的再生电流,如果制动单元来不及将这部分能量释放掉,则有可能损坏逆变电路,因此这类负载要设置较长的减速时间。

在设置加速、减速时间时,要根据具体情况而定,设置时间太长会造成时间浪费,设置时间太短又会产生很多不利因素。有些变频器为了适应负载需要,可设置几种不同的加速、减速时间,(如第一加速时间、第二加速时间、……;第一减速时间、第二减速时间、……)多种加速、减速时间常在多段速控制中应用。

3.2.3 加速、减速曲线设定功能

变频器除了预置加速、减速时间之外,还可预置加速、减速曲线。

1. 加速曲线

加速曲线共有 3 种上升方式。

(1) 线性上升方式,如图 3-7(a)所示,上升频率与时间呈线性关系。线性上升方式适用一般要求的场合。

(2) S 形上升方式,如图 3-7(b)所示,S 形上升方式开始时上升速度较慢,然后加快,上升到快结束时又减慢,上升过程是 S 形曲线。这种上升方式多应用在传送带、电梯等对起动有特殊要求的场合。

(3) 半 S 形上升方式,如图 3-7(c)所示,半 S 形曲线又分为正半 S 形(见图 3-7(c)曲线①)和反半 S 形(见图 3-7(c)曲线②)两种。正半 S 形适合于大转动惯性的负载,因为惯性大,在起动开始时速度上升较慢,当转动起来后,再进入线性升速方式。反半 S 形上升方式适合泵类和风机类负载,因为这类负载起动开始时阻力很小,可增加起动速度,随着转速的增加,阻力加大,这时上升速度减慢。

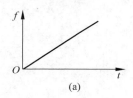 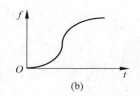 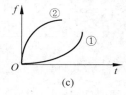

图 3-7 速度上升曲线

2. 减速曲线

减速曲线也有 3 种方式,如图 3-8 所示,其应用场合与加速曲线相同。

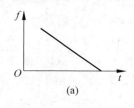 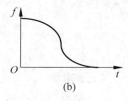 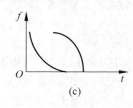

图 3-8 减速曲线

3. 加速和减速曲线的组合

加速和减速曲线在预置时可以进行不同的组合,根据不同机型大致可以分为 3 种情况。

(1) 只能预置升、降速的方式,S 形和半 S 形曲线的形状由变频器内定,用户不能自由设定。

(2) 变频器可为用户提供若干种 S 区,供用户自由选用,如图 3-9 所示。

(3) 用户可以在一定的非线性区内设置时间长短。

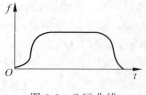

图 3-9 S 区曲线

3.2.4 跳跃频率功能

在进行调速控制过程中,机械设备在某些频率上可能与系统的固有频率形成共振而造成较大振动。应跳过这些共振频率,防止机械系统发生共振。能发生共振的频率被称为跳跃频率(或回避频率)。具有跳跃频率的工作状态如图 3-10 所示。

设定跳跃频率的方法有以下几种。

(1)设定跳跃频率的上端和下端频率。

当变频器工作时,需要跳跃某一频率,可设定该频率的上端频率和下端频率。例如,要跳跃的频率为 35Hz,可设定上端频率为 36Hz,下端频率为 34Hz,这样变频器工作时不会输出 35Hz 频率。

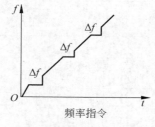

图 3-10 具有跳跃频率的工作状态

(2)设定跳跃频率和跳跃频率范围。

先设定跳跃频率值,再设定一个范围。例如,设定跳跃频率值为 35Hz,范围设定为 3Hz,则变频器工作时将跳过 34~36Hz 的频率。

(3)只设置跳跃频率。

变频器只设置需要跳跃的频率,跳跃的范围由变频器内部出厂时设定好。

3.2.5 指令丢失时的自动运行功能

变频器可在指令丢失时自动运行,即当模拟频率指令由于系统故障等原因急剧减少时,使变频器按照设定频率的 80% 继续运行,以保证整个系统正常工作。

3.2.6 段速频率设置功能

变频器运行时,可进行多段速控制。如音乐喷泉,变频器配合音乐节奏输出不同频率段,形成不同高度的水柱给人视觉上的享受。一般变频器输出频率可设置 4~16 段。设置多段速的方法有以下两种。

1. 编程控制

先把要输出的各个段速的频率、每段速频率执行的时间以及各段速上升或下降时间与运转方向,按照顺序编写程序,并输入变频器中。然后设置变频器按程序运行,当程序运行指令到达时,变频器就按段速运行。

例如,某广场由 130 个喷嘴组成一动态喷泉,喷泉水柱高度由变频器的输出频率进行控制。选择富士 FRN5.5G11S 型变频器同时驱动两台型号为 QY65-7-2.2 的潜水泵,潜水泵所配电机为两极。变频器采用程序运行,要求其运行过程如图 3-11 所示。根据运行要求设置变频器的运行程序。基本参数及程序分别见表 3-3 和表 3-4。

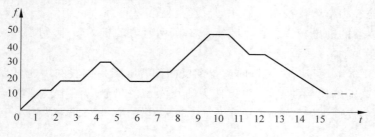

图 3-11 变频器控制喷泉水柱的输出频率

表 3-3　基本功能参数

参　　数	功　　能	设　定　值
F01	频率设定 1	10
F02	运行操作	1
F07	第一加速时间	1
F08	第一减速时间	1
E10	第二加速时间	0.5
E12	第三加速时间	2
F15	频率限制	50
F40	转矩限制	150%
C21	程序运行	1
P01	电动机极数	1
C30	频率设定 2	10

表 3-4　变频器控制喷泉的输出频率程序

功能设定值	运行频率设定值
C22＝2F1	C05＝10
C23＝2F2	C06＝15
C24＝1.5F1	C07＝25
C25＝2F1	C08＝15
C26＝1F1	C09＝20
C27＝3F3	C10＝45
C28＝2F1	C11＝35

2. 由端子控制

变频器在设置时,先设置多段速由外接端子控制及设置具体的控制端子,然后根据需要设置段速频率,执行时通过外部设定的功能端子对段速进行控制,各段速的运行时间由控制端子确定,一般可用旋转开关或用 PLC 控制,第 4 章将详细介绍由 PLC 控制多段速的方法。

3.2.7　频率增益与频率偏置功能

变频器的输出频率可以由模拟控制端子进行控制,模拟控制端子电压变化范围一般为 0～5V 或 0～10V,模拟控制电流变化范围为 4～20mA。当模拟量从低向高变化时,变频器的输出频率也从低到高变化。频率增益和频率偏置与模拟输入量有关。

1. 频率增益

输出频率与外控模拟信号的比率称为频率增益,如图 3-12 所示。调整频率增益,就是调整图中的曲线的斜率,利用变频器的这一功能,可以用同一控制信号进行多台变频器的比例运行控制。例如,需要两台电动机的转速之比 $n_1/n_2=2$,则变频器 1 频率增益按图 3-12 中曲线①设置,变频器 2 频率增益按图 3-12 中曲线②设置。当控制信号在 0～10V(或 4～20mA)变化时,两台变频器的输出频率之比 $f_1/f_2=2$,则两台电动机的转速之比 $n_1/n_2=2$。

2. 频率偏置

频率偏置如图 3-13 所示,分为正向偏置和反向偏置。频率偏置的用途可以配合频率增益调整多台变频器联动的比例精度,也可以作为防止噪声的措施。图中模拟电压为 0 时对应的频率为负则定义为反向偏置,当模拟电压为 1V 时才有输出频率,即不使用小于 1V 的小信号。

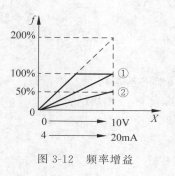

图 3-12　频率增益

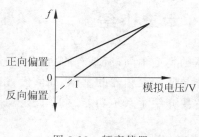

图 3-13　频率偏置

3.3　变频器保护功能

在变频器调速系统中,现场的各种干扰都会影响系统的正常运行,甚至发生故障。为保证系统的正常运行,对系统必须设计保护功能。在变频器保护功能中,有些功能是通过变频器内部的软件和硬件直接完成的,有些功能则需要根据系统要求具体设定。

1. 过电流保护功能

一种过电流是当变频器输出端由于对电动机进行直接起动、相间短路或对地短路等出现过大的电流峰值时,该值有可能超过主电路换流器件的容许值,变频器件关断主电路换流器件并停止输出;另外当变频器输出电路对地出现短路,并且该短路电流超过变频器输出的 50% 时,保护功能将起作用,停止变频器的输出。对地短路的检测是通过检测变频器输出电流的不平衡成分,并经 CPU 的计算而完成的。

2. 过电压保护功能

当主电路的直流中间电路的直流电压超过电压规定值时,保护功能起作用,停止变频器输出,防止主电路的换流器件烧毁。

3. 欠电压保护功能

当主电路的直流中间电路的直流电源出现超过规定时间以上低电压现象时,保护功能将停止变频器工作。长时间在欠电压状态工作,会使变频器误动作。

4. 瞬时停电再起动保护功能

当电源瞬时停电或电源电路中有大的负载起动造成线路电压降落时,变频器的保护功能将停止变频器输出。如果停电时间很短,电源降落又很快恢复正常,这时变频器会自己重新起动,这种情况称为瞬时停电再起动。但再起动的输出频率,要根据不同负载进行预置。对于大惯性负载,由于停电时间很短,电动机的转速下降很少,可将再起动频率预置为停电时的输出频率;对于小惯性负载,在停电期间电动机的转速已下降很多,需将再起动频率设置为较低,这要根据具体的负载情况和停电时间情况而定。

变频器瞬时停电再起动功能有多个参数可供选择,如瞬时停电后不起动、瞬时停电后以原速重新起动、瞬时停电后速度从 0 重新起动等,在使用时要注意选择,选择不当将会出现瞬时停电后停机,影响产品质量或造成停产事故。

5. 过载保护功能

当变频器的过电流值为 150% 的额定电流并持续 1min 时,变频器处在过载状态,变频器过载保护功能动作,对变频器主电路的换流器件进行保护。

3.4　本章小结

　　变频器的类型不同,所具有的功能不同,但所有变频器的基本功能大体一致。掌握变频器的基本功能是使用变频器的基础,如何设置这些功能要与实际工作相结合。

　　本章主要介绍了系统功能、频率设定功能和保护功能三大基本功能。

思考题与习题

　　1. 对电动机的输出转矩进行补偿的常用方法有哪些?

　　2. 变频器防失速功能有哪些?

　　3. 变频器为什么设置上限和下限频率?

　　4. 变频器为什么设置加速、减速时间? 变频器的加速、减速时间和加速、减速曲线分别描述什么?

　　5. 如果起动时设置加速时间为 0 会如何?

　　6. 变频器为什么要设置跳跃频率? 什么情况下设置跳跃频率? 如何设置跳跃频率?

　　7. 频率增益功能有什么作用?

　　8. 变频器基本的保护功能有哪些?

第 4 章

变频器运行方式

变频器常见的运行方式有点动运行、正反转运行、并联运行、多段速运行、工频-变频切换运行、瞬时停电再起动运行、远距离操作运行等。根据控制对象和负载以及调速系统要求的相应速度、精度不一样,选择的运行方式也不同。本章主要介绍几种常见运行方式控制电路的设计,为以后的应用奠定基础。

4.1 变频器输入端子的控制方法

4.1.1 模拟控制端子信号输入方法

1. 模拟电压控制端子

模拟电压控制端子通过改变输入模拟电压值改变变频器的输出频率。应用时有两种情况:一种是在 VRF 端子上接入分压电位器,用以控制变频器的输出频率,如图 4-1(a)所示,这种控制方法使用方便,多用于变频器的开环控制;另一种是由外接电路提供的反馈信号或远程电压控制信号控制变频器的输出频率,如图 4-1(b)所示。这两种方法都可以控制变频器调速,利用外接电路引入控制信号时要注意导线屏蔽,以防止电磁干扰。

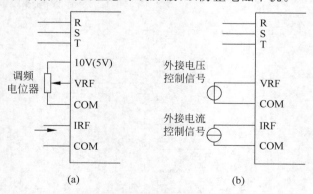

图 4-1 模拟控制端子信号输入方法

2. 模拟电流控制端子

模拟电流控制端子信号多是取自反馈信号或远程控制信号,信号加于 IRF 与 COM 之间,如图 4-1 所示。

4.1.2 接点控制端子的控制方法

1. 接点开关控制

将需要控制的端子由手动开关、继电器触点开关及 PLC 的接点输出量等进行控制,这是应用较多的一种控制方法。图 4-2 是接点开关控制,用继电器的 KA1、KA2 动合触点控制变频器的正、反转,用电动开关 SB 控制复位等。

2. 晶体管开关控制

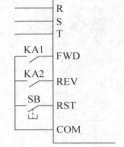

用晶体管的"饱和"与"截止"作为开关信号。当给晶体管基极加入控制信号时,晶体管饱和导通,此时相当于开关闭合;当没有控制信号时,晶体管截止,此时相当于开关断开。晶体管作为开关控制的电路如图 4-3 所示。

晶体管开关控制常用于 PLC、单片机等对变频器的控制,应用时要注意解决控制电路与变频器之间共地点及电压匹配等问题。

图 4-2 接点开关控制

3. 光电耦合器开关控制

用光电耦合器作为端子的开关控制信号,电路如图 4-4 所示。当给光电耦合器输入电流,光电二极管发光,光电晶体管饱和导通,相当于开关闭合;当光电耦合器没有信号输入,光电晶体管截止,相当于开关断开。光电耦合器控制的电路与变频器之间各自构成回路,没有电的联系,使用方便。

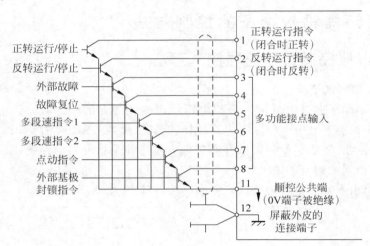

图 4-3 晶体管开关控制

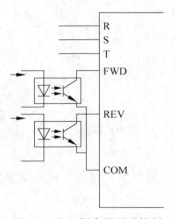

图 4-4 光电耦合器开关控制

4.2 变频器与 PLC 的连接

当利用变频器构成自动控制系统时,往往需要与 PLC 等上位机配合使用,如电梯控制、包装机控制等。

4.2.1 变频器与 PLC 的接口电路

1. 变频器运行信号与 PLC 的连接

变频器的输出信号中包括对运行/停止、正转/反转、寸动等运行状态进行操作的运行信号。变频器通常利用与 PLC 连接,得到这些运行信号。常用的 PLC 输出有两种类型:继电器接点输出和晶体管输出。图 4-5 所示为变频器与 PLC 连接的两种方式。在使用继电器接点输出的场合,为防止出现因接触不良而带来误动作,要考虑接点容量及继电器的可靠性。而当使用晶体管集电极开路形式连接时,也同样需要考虑晶体管本身的耐压容量和额定电流等因素,使所构成的接口电路具有一定的裕量,以达到提高系统可靠性的目的。

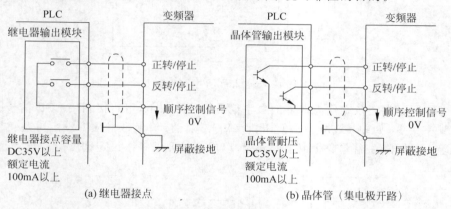

(a) 继电器接点　　　　　　　　　(b) 晶体管（集电极开路）

图 4-5　运行信号与 PLC 的连接

2. 变频器频率指令信号与 PLC 的连接

如图 4-6 所示频率指令信号可以通过 0~10V 电压信号和 4~20mA 的电流信号输入。由于接口电路因输入信号而异,必须根据变频器的输入阻抗选择 PLC 的输出模块。而连线阻抗的电压降、温度变化和器件老化等带来的漂移则可通过 PLC 内部的调节电阻和变频器内部参数进行调节。

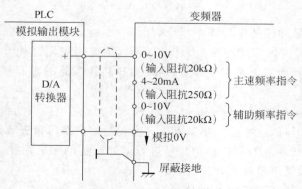

图 4-6　频率指令信号与 PLC 的连接

当变频器和 PLC 的电压信号范围不同时,也可以通过变频器的内部参数进行调节,如图 4-7 所示。但由于在这种情况下只能利用变频器 A/D 转换器的 0～5V 部分,所以和输出信号在 0～10V 范围的 PLC 相比进行频率设定时的分辨率将会更差。反之,当 PLC 一侧的输出信号电压为 0～10V 而变频器的输入信号电压为 0～5V 时,虽然也可以通过降低变频器内部增益的方法使系统工作,但由于变频器内部的 A/D 转换被限制在 0～5V,将无法使用高速区域。这时若要使用高速区域,可通过调节 PLC 的参数或电阻的方式将输出电压降低。

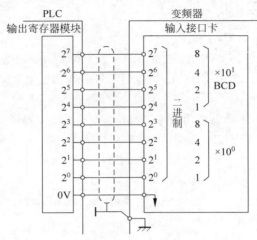

图 4-7　输入信号电平转换

通用变频器通常还备有作为选件的数字信号输入接口卡,可直接利用 BCD 信号或二进制信号设定频率指令,如图 4-8 所示。使用数字信号输入接口卡进行频率设定可避免模拟信号电路所引起的电压降和温差变化带来的误差,以保证必要的频率设定精度。

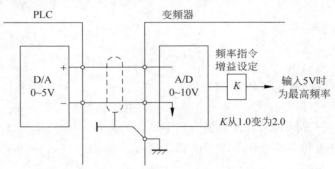

图 4-8　二进制信号和 BCD 信号的连接

变频器也可以将脉冲序列作为频率指令,如图 4-9 所示。由于当以脉冲序列作为频率指令时,需要使用 F/V 转换器将脉冲转换为模拟信号,因此当利用这种方式进行精密的转速控制时,必须考虑 F/V 转换器电路和变频器内部 A/D 转换电路的零漂和由温度变化带来的漂移及分辨率等问题。

当不需要进行无级调速时,可利用 X1～X3 输入端子,通过接点的组合使变频器按照事先设定的频率进行调速运行,这些运行频率可通过变频器的内部参数进行设定,而运行时间可由 PLC 输出的开关量来控制。与利用模拟信号进行调速给定的方式相比,这种方式的设定精度高,也不存在由漂移和噪声带来的各种问题。

3. 变频器接点输出信号与 PLC 的连接

在变频器的工作过程中,通常需要通过继电器接点或晶体管集电极开路输出的形式将变

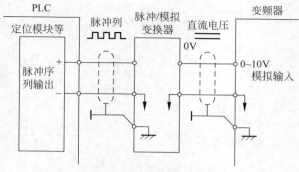

图 4-9　脉冲序列作为频率指令时的连接

频器的内部状态通知外部,如图 4-10 所示。而在连接这些信号时,也必须考虑继电器和晶体管的允许电压、允许电流等因素,以及噪声的影响。

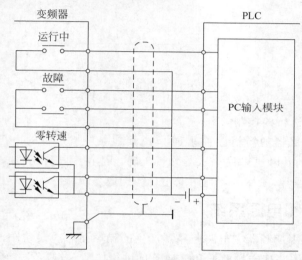

图 4-10　接点输出信号与 PLC 的连接

4.2.2　变频器与 PLC 连接注意事项

1. 瞬时停电后的继续运行

在利用变频器的瞬时停电后继续运行的功能时,如果系统连接正确,则变频器在系统恢复供电后将进入自寻速过程,并将根据电动机的实际转速自动设置相应的输出频率后重新起动。但是,也会出现由于瞬时停电,变频器可能将运行指令丢失的情况,在重新恢复供电后不能进入自寻速模式,仍然处于停止输出状态,甚至出现过电流的情况。因此,在使用该功能时,应通过保持继电器或为 PLC 本身准备无停电电源等方法保持变频器的运行信号,以保证恢复供电后系统能够进入正常的工作状态,如图 4-11 所示。在这种情况下,频率指令信号将在保持运行信号的同时被自动保持在变频器内部。

2. PLC 扫描时间的影响

在使用 PLC 进行顺序控制时,由于 CPU 进行处理需要时间,总是存在一定时间的延迟。在设计控制系统时必须考虑上述扫描时间的影响,尤其在某些场合下,当变频器运行信号投入的时刻不确定时,变频器将不能正常运行,在构成系统时必须加以注意。图 4-12 给出了以自寻速功能为例的 PLC 扫描时间的影响过程,图中"＊"表示寻速信号应比运行信号先接通或同时接通。

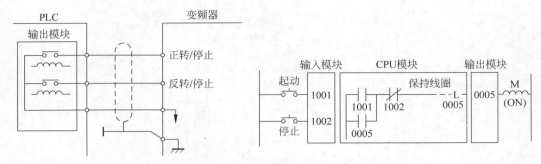

图 4-11   PLC 保持继电器回路

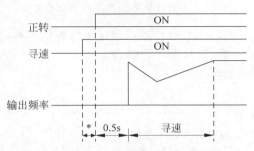

图 4-12   PLC 扫描时间的影响

3. 通过数据传输进行的控制

在某些情况下,变频器的控制是通过 PLC 或其他上位机进行的。在这种情况下,必须注意信号线的连接以及所传数据顺序格式等是否正确,否则将不能得到预期的结果。此外,在需要对数据进行高速处理时,往往需要利用专用总线构成系统。

4.2.3   接地和电源系统

为了保证 PLC 不因变频器主电路断路器产生的噪声而出现误动作,必须注意以下几点。

(1) 对 PLC 本身按照规定的标准和接地条件进行接地,应避免与变频器使用共同的接地线,并在接地时尽可能使二者分开。

(2) 当电源条件不好时,应在 PLC 的电源模块以及输入、输出模块的电源线上接入噪声滤波器和降低噪声用的变压器等,或在变频器一侧采取相应措施,如图 4-13 所示。

(3) 当把变频器和 PLC 安装在同一操作柜中时,应尽可能使与变频器有关的电线和与 PLC 有关的电线分开。

(4) 通过使用屏蔽和双绞线达到提高抗噪声水平的目的。

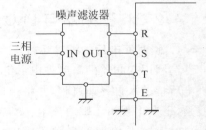

图 4-13   噪声滤波器的连接

当配线距离较长时,对于模拟信号来说应采取 4~20mA 的电流信号或在途中加入放大电路等措施。

4.3   变频器的基本运行方式

4.3.1   变频器点动运行

点动运行是通用变频器常用的运行方式之一,其控制电路如图 4-14 所示。主电路采用 QF 空气断路器作为主电源的通断控制,接触器 KM 为变频器的通断开关,SB1 闭合,KM 的继电器线圈得电,KM 的常开触点闭合,变频器通电;当按下 SB3 按钮,中间继电器 KA 线圈得电,KA 常开触点闭合,电动机点动运行;当 SB3 断开,KA 线圈失电,KA 常开触点断开,电动机停止运行。由 SB3 按下的时间决定电动机运行的时间,完成点动运行;SB2 常闭触点断开时,SB3 失去控制能力,变频器断电。

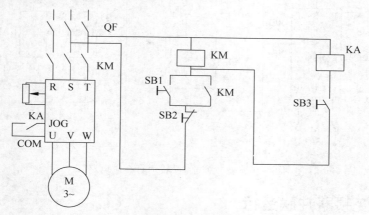

图 4-14 变频器点动运行控制电路

点动运行时,可选择点动运行频率,该频率可通过改变电位器电阻的大小来确定。需要注意:点动运行时,由点动运行专用频率给定器而不是平常运行时使用的频率给定器给出低速的频率指令,因为点动运行时频率不能太高,否则电动机会产生过大的起动冲击电流,损坏变频器。

4.3.2 变频器正、反转运行

变频器正转运行控制电路如图 4-15 所示。SB1 和 SB2 仍然是控制主电路的开关。正转运行由 SB3 控制,按下 SB3,中间继电器 KA 线圈得电,KA 常开触点闭合,电动机正转运行。当要停止运行时,必须先按下 SB4,使 KA 线圈失电,再按下 SB2,使变频器断电,KA 常开触点断开,SB2 才能控制主断路断开,这样能防止变频器在运行中误操作按下 SB2 而切断总电源。

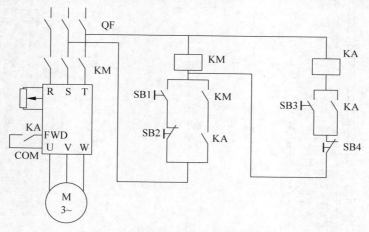

图 4-15 变频器正转运行控制电路

变频器正、反转运行控制电路如图 4-16 所示。在正转控制电路中增加反转控制运行,在设计的控制电路中 KA1 和 KA2 两个继电器进行互锁,KA1 得电,KA2 必须失电,保证正转运行时,不能进行反转运行。在控制电路中串接总报警输出接点 30C、30B,当变频器故障报警时切断控制电路停机。

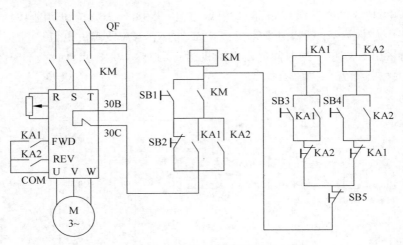

图 4-16 变频器正、反转运行控制电路

4.3.3 变频器并联运行

变频器并联运行控制电路如图 4-17 所示,两台变频器的速度给定用同一电位器控制。若两台变频器的频率增益等参数设置相同,则两台电动机将同速运行;若两台变频器的增益设置不同,则两台电动机将按照设定的比例运行。

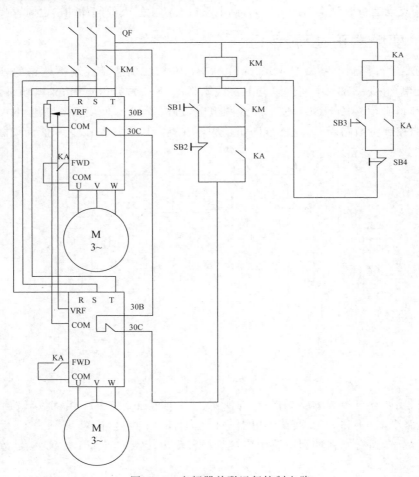

图 4-17 变频器并联运行控制电路

4.3.4　变频器多段速运行

在日常生活和工业生产中,变频器的多段速运行得到广泛应用。例如,动态喷泉、洗衣机、刨床加工工件等。变频器多段速运行是通过功能端子控制的,两个功能端子可控制四段速,三个功能端子可控制八段速,四个功能端子可控制十六段速,控制是遵循二进制的规律。三个功能端子组合的八段速控制见表 4-1。

表 4-1　八段速表

X3	X2	X1	段　速
0	0	0	0
0	0	1	1
0	1	0	2
0	1	1	3
1	0	0	4
1	0	1	5
1	1	0	6
1	1	1	7

可编程控制器(PLC)的开关量输入/输出端一般可以与变频器的开关量输入/输出端直接相连,这种接线抗干扰能力强,可靠性高,因此可用 PLC 控制变频器的多段速运行。

PLC 多段速运行控制电路如图 4-18 所示。变频器的接通与断开由 KM 接触器控制,变

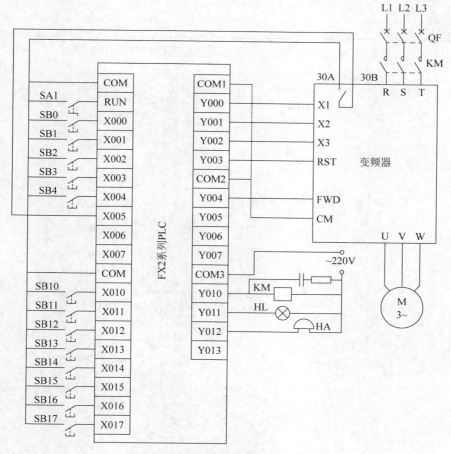

图 4-18　PLC 多段速运行控制电路

频器的运行由 FWD 端控制,X1~X3 三个端子控制八段速。在 PLC 的输入控制中,旋转开关 SA1 用于设定 PLC 运行控制方式,SB0 用于接通主电路,SB1 用于断开主电路,SB2 用于起动变频器,SB3 用于停止变频器,SB4 用于变频器复位,30A~30B 用于变频器报警输入,SB10~SB17 用于设定所需的八种段速。Y000~Y002 根据输入所设定的段速,对变频器进行控制。

根据控制系统所要完成的控制动作,设定输入/输出控制信号,其输入/输出地址分配表见表 4-2。

表 4-2   PLC 多段速运行控制地址分配表

输 入 地 址		输 出 地 址	
X000	接通主电路	Y000	编码输出 000~111
X001	断开主电路	Y001	
X002	起动变频器	Y002	
X003	停止变频器	Y0003	变频器复位
X004	复位输入	Y004	起动变频器
X005	报警输入	Y010	接通主电路
X010	0 段速	Y011	灯光报警
X011	1 段速	Y012	声音报警
X012	2 段速		
X013	3 段速		
X014	4 段速		
X015	5 段速		
X016	6 段速		
X014	7 段速		

PLC 多段速运行控制梯形图如图 4-19 所示,其对应的控制程序见表 4-3。在梯形图中使

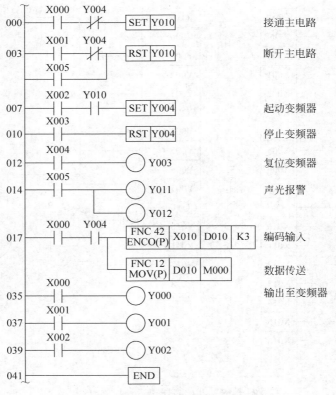

图 4-19 PLC 多段速运行控制梯形图

用编码指令 FNC42　ENCO,将 SB10～SB17 输入中设定的段速进行编码,形成变频器所需要的输入信号。编码指令所实现的输入/输出之间的对应关系见表 4-4。

表 4-3　PLC 多段速运行控制程序

序号	指令	器件号	序号	指令	器件号
000	LD	Y000	016	OUT	Y012
001	SNI	Y004	017	LD	Y010
002	SET	Y010	018	AND	Y004
003	LD	X001	019	ENCO(P)	X010
004	ANI	Y004			D010
005	OR	X005			K3
006	RST	Y010	026	MOV(P)	D010
007	LD	X002			M000
008	AND	Y010	035	LD	M000
009	SET	Y004	036	OUT	Y000
010	LD	X003	037	LD	M001
011	RST	Y004	038	OUT	Y001
012	LD	X004	039	LD	M002
013	OUT	Y003	040	OUT	Y002
014	LD	Y005	041	END	
015	OUT	Y011			

表 4-4　编码指令输入/输出对应表

输 入 段 速	输　　　出		
X	Y002	Y001	Y000
X010	0	0	0
X011	0	0	1
X012	0	1	0
X013	0	1	1
X014	1	0	0
X015	1	0	1
X016	1	1	0
X017	1	1	1

在 PLC 多段速运行控制梯形图中,各逻辑行所实现的功能如下。

000:控制变频器的主电路接通。按下 SB0 时,X000 闭合(当 Y004 未工作时),Y010 置位,KM 得电,变频器通电。

003:控制变频器在停止运行状态下的主电路断开。按下 SB1 时,X001 闭合(当 Y004 未工作时),Y010 复位,KM 断电释放。当 Y004 工作时,其动断触点断开,Y010 既不能闭合,也不能复位。当变频器出现故障保护时,X005 输入,使 Y010 复位,KM 断电释放。

007:控制变频器开始运行。按下 SB2 时,X002 闭合,Y004 置位,变频器起动。

010:控制变频器停止运行。按下 SB3 时,X003 闭合,Y004 复位,变频器运行停止。

012:控制变频器复位。按下 SB4 时,X004 接通,Y003 输出,对变频器进行复位。

014:变频器故障报警。在变频器出现故障时,30A、30B 触点闭合,通过 X005 输入报警信号,Y11 和 Y12 动作即可进行声光报警。

017:多段速输入。在 X010～X017 中选择输入所需的段速,通过 Y000～Y002 进行输出,即可得到所需的转速。

035~039:PLC对变频器的输出。

4.3.5 工频与变频切换运行

在某些交流调速拖动系统中,经常会出现一些特殊情况,需要系统能进行工频与变频的切换。如一些设备在投入运行后不能随时停机,变频器一旦出现异常时,应马上将电动机切换到工频电源运行;另外接变频器的目的是节能,但当变频器达到满负荷时,变频器就失去了节能的作用,这时就要将变频切换到工频运行。

1. 继电器控制的切换

继电器控制的切换电路如图 4-20 所示,图中,运行方式由三位置开关 SA 进行选择,当 SA 旋至"工频运行"时,按下起动按钮 SB1,中间继电器 KA1 动作并自锁,同时,接触器 KM3 动作,电动机处于"工频运行"状态。按下停止按钮 SB2,中间继电器 KA1 和接触器 KM3 的线圈均断电,电动机停止运行。

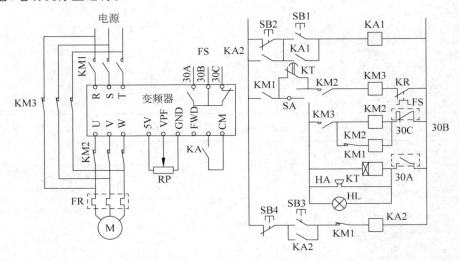

图 4-20 继电器控制的切换电路

当 SA 旋至"变频运行"时,按下起动按钮 SB1,中间继电器 KA1 得电并自锁,接触器 KM2 也得电,将电动机接至变频器的输出端。KM2 得电后,KM1 线圈也得电,将工频电源接至变频器的输入端,这样可允许电动机起动。

按下 SB3,中间继电器 KA2 动作,变频器的 FWD 端与 CM 端接通,电动机开始升速,进入"变频运行"状态。KA2 线圈得电后,停止按钮 SB4 将失去作用,这样是防止直接通过切断变频器电源使电动机停机。

在变频运行过程中,如果变频器因某种故障而跳闸,则"30B-30C"断开,接触器 KM1 和 KM2 线圈断电,变频器与电源,电动机与变频器之间的连接回路均被切断;与此同时,"30B-30A"闭合,使蜂鸣器 HA 和指示灯 HL 发出声光报警信号;时间继电器 KT 线圈得电,其延时闭合的常开触点闭合,使 KM3 得电,电动机进入工频运行状态,将 SA 旋至"工频运行"位置,可解除声光报警。变频器正常运行时,按下 SB4,KA2 断电,变频器的 FWD 端与 CM 端之间断开,电动机减速停止。

2. PLC 控制的切换电路

用 PLC 控制的切换电路如图 4-21 所示。图中 PLC 为三菱公司的 FX 系列产品。

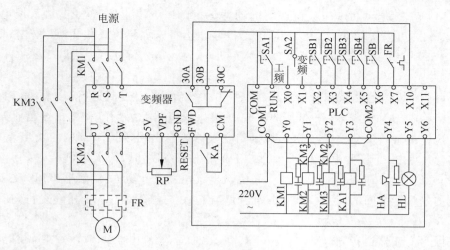

图 4-21　PLC 控制的切换电路

图中旋钮开关 SA1 用于控制 PLC 的运行；SA2 用于控制"工频运行"和"变频运行"的切换；SB 用于变频器发生故障后的复位，其他按钮开关 SB1～SB4 的作用与上述继电器控制电路的作用相同；对于 KM2 和 KM3 接触器，既有"硬件互锁"，也有 PLC 控制程序中的"软件互锁"。

PLC 切换控制的梯形图如图 4-22 所示。下面分析梯形图。

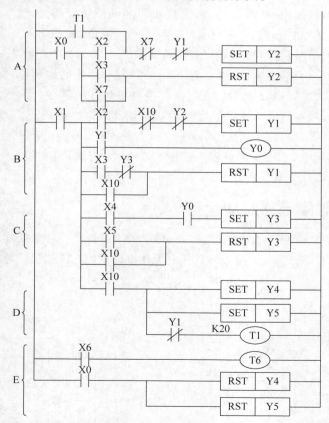

图 4-22　PLC 切换控制的梯形图

第一段工频运行段（A 段）。先将选择开关 SA2 旋至"工频运行"位置，使 PLC 的输入继电器 X0 动作并自保持，按下起动按钮 SB1，输入继电器 X2 动作，输入 Y2 得电并保持，从而使接触器 KM3 动作,电动机在工频电压下起动并运行。按下停止按钮 SB2,输入继电器 X3 动作,使输出 Y2 复位,接触器 KM3 失电,电动机停止运行。如果电动机出现过载情况,热继电器 FR 动作,相应触点闭合,即输入继电器 X7 动作,输出 Y2 断电,接触器 KM3 复位,电动机停止运行。

第二段为变频器通电段(B 段)。先将选择开关 SA2 旋至"变频运行"位置,使 PLC 的输入继电器 X1 得电(动作)。当按下起动按钮 SB1,输入继电器 X2 动作,使输出继电器 Y1 得电并自保持。这样接触器 KM2 得电,电动机接到变频器的输出端,同时,PLC 的输出 Y0 也得电,接触器 KM1 动作,变频器电源接通。当按下停止按钮 SB2 时,输入继电器 X3 得电,在输出 Y3 未动作或已复位(即 Y3=0)的情况下,使输出继电器 Y1 复位,接触器 KM2 也复位,以断开电动机与变频器之间的回路(主电路),同时输出 Y0 与接触器 KM1 相继复位,变频器的电源被断开。

第三段为变频器运行段(C 段)。按下按钮 SB3,输入继电器 X4 得电,在 Y0 得电的前提下,输出继电器 Y3 得电并保持,继电器 KA 动作,变频器的 FWD 端接通,电动机开始升速并运行,进入变频器运行阶段。同时,Y3 的常闭触点断开,使"停止按钮"SB2 暂时不能起作用(该回路被 Y3 的触点断开,此时 Y1 不能复位),这样设计的目的是防止在电动机运行状态下,直接切断变频器的负载。按下 SB4,输入继电器 X5 得电,输出继电器 Y3 复位,继电器 KA 失电,变频器的 FWD 端断开,电动机开始减速并停止。

第四段为变频器跳闸段(D 段)。如果变频器因某种故障而跳闸,变频器的"30B-30A"闭合,PLC 的输入继电器 X10 动作。一方面,使 Y1 和 Y3 复位,使输出继电器 Y0、接触器 KM2 和 KM1、继电器 KA 相继复位,变频器停止工作;另一方面,输出继电器 Y4 和 Y5 动作并保持,蜂鸣器 HA 和指示灯进行声光报警。在 Y1 已经复位后,定时器 T1 开始计时,其延时闭合的常开触点闭合后,输出继电器 Y2 动作并保持,电动机进入工频运行状态。

第五段为故障处理段(E 段)。报警出现后,将 SA 旋至"工频运行"位置,此时,输入继电器 X0 动作,使变频器转入工频运行方式;同时,Y4 和 Y5 复位,声光报警停止。当变频器的故障处理完毕,重新通电后,首先按下复位按钮 SB,使 X6 动作,Y6 得电,变频器的 RESET 端接通,使变频器的故障状态复位。

4.3.6 瞬时停电再起动运行

瞬时停电再起动分两种:一种是发生 15ms 以上的瞬时停电,复电时可以不使电动机停止而自动再起动运行,如图 4-23 所示;另一种是复电后使电动机停止再起动运行,如图 4-24 所示。

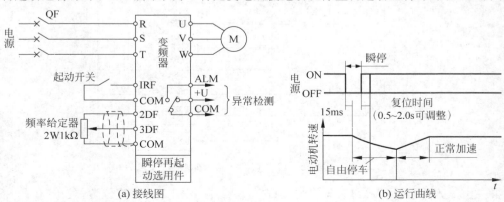

(a) 接线图   (b) 运行曲线

图 4-23 停电后不停电动机再起动控制线路

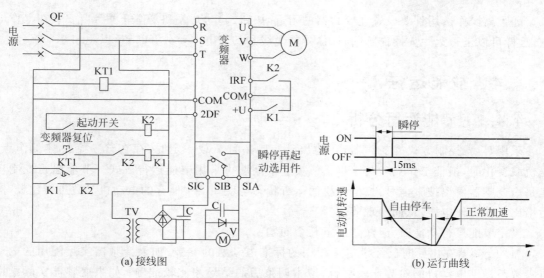

(a) 接线图　　　　　　　　　　　(b) 运行曲线

图 4-24　停电后停电动机再起动的控制线路

　　变频器瞬时停电再起动的选件都内藏在变频器中,如果装在外部可能会因干扰而误动作。有些厂家在生产变频器时,会把选件及外围控制电路都集成在变频器内部,用户只要选择并设定相应的功能参数即可。

　　在使用瞬时停电再起动功能时要注意,对于在"瞬停时间＋复位时间"内自由停止的负载(负载转矩大的负载或转动惯量小的负载),电动机将停止,经复电复位时间后以通常的加速时间自动再起动。

4.3.7　远距离操作运行

　　当操作点与变频器的距离很远时,所用的链接信号电缆很长。此时,由于频率给定信号电路电压低,电流微弱,容易受到外部的感应干扰,这时可以使用远距离操作。图 4-25 为远距离操作的控制线路,图 4-26 为远距离操作选用件的内部结构图。

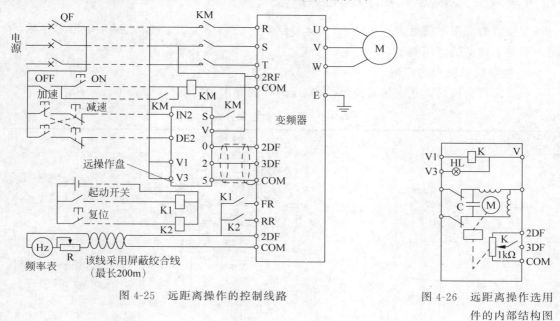

图 4-25　远距离操作的控制线路　　　　图 4-26　远距离操作选用
　　　　　　　　　　　　　　　　　　　　　　件的内部结构图

远距离操作选用件要设置在变频器的附近,按钮、起动开关和复位开关等要安装在操作地点,这样可以进行远距离操作。同时,信号电缆线和动力电缆要分开布置,以免相互干扰。

4.4 节能运行

4.4.1 节能运行分析

采用 U/f 控制方式的变频器,在输出某一频率且负载一定时,存在着一个最佳工作点;当负载变化时,最佳工作点就会转移。解决这个问题可采用节能运行方式。节能运行控制功能是由变频器发出搜索信号,将电动机的运行状态与变频器中储存的电动机参数进行比较,然后给出最佳工作电压,从而实现节能。

设定节能运行功能时,应注意以下几个问题:

(1) 变频器在出厂时已经设定好配用的标准电动机的参数,如果变频器实际配用的电动机参数与标准电动机的参数比较吻合,搜索调整后的结果才比较准确;如果变频器实际配用的电动机参数与标准电动机的参数相差较大,则必须根据配用电动机的参数进行重新预置,才能进行节能运行。

(2) 变频器进行节能运行时,要输出搜索信号,当电动机的工作点偏离最佳工作点时,变频器对输出电压要进行调整。每次搜索周期在 $0.1 \sim 10s$,调整电压幅度在 10% 以下。因此,变频器在节能运行方式时,动态响应性能较差,当遇到突变的冲击负载时,拖动系统可能因电压来不及增加到必要的值而堵转,这就要求变频器工作在节能运行方式时的负载转矩较稳定才行。

(3) 节能运行方式只能用于 U/f 控制方式,而不能用于矢量控制方式。

变频器预置为节能运行时,一般变频器可预置为"有"或"无",有些变频器还要根据需要预置搜索范围、搜索周期和搜索电压增量等。

4.4.2 节能运行的具体应用

变频器的应用主要是为了节能,节能运行已经广泛应用于工业生产、民用电器等领域,下面介绍几个典型的应用例子。

1. 在泵类机械中的应用

对泵的自动控制方式主要有流量控制、压力控制和水平控制等,如表 4-5 所示。

表 4-5 泵的自动控制方式

检 测 方 式	目 的	控 制 流 程	用 途
流量控制	流量一定(流量模式控制)		自来水、工业用水等取水导入泵,各种工艺过程用泵
压力控制	出口压力一定(压力模式控制)		自来水、工业用水等给水、配水泵,各种工艺过程用泵

续表

检测方式	目　的	控　制　流　程	用　途
水平控制	水平一定		给水、配水泵

泵的压力控制是通过传感器检测出口压力,再根据压力调节器的信号,用变频器对泵的传动电动机进行转速控制,从而控制压力,达到节能的目的。

根据给定出口压力和泵停止运转时的出口压力,泵的调速范围可以达到80%左右。有关转速的经验计算公式为

$$N_{\min} = \sqrt{\frac{p_a}{p_c}} \times 100\% \qquad (4\text{-}1)$$

式中:$N_{\min}$——泵的最低转速百分比;

$\quad\ p_c$——给定出口压力(恒值),Pa;

$\quad\ p_a$——给定压力,Pa。

在最低转速时,电动机的轴功率可用下列公式计算:

$$P = \left(\frac{p_a}{p_c}\right)^{\frac{3}{2}} \times P_{oc} \qquad (4\text{-}2)$$

式中:P——轴功率,kW;

$\quad\ P_{oc}$——100%转速运转时的轴功率,kW。

如果最低转速约为额定转速的80%,则轴功率约为电动机额定功率的50%。

对于配管损耗较大的系统,采用推算末端压力一定的控制方式,可以得到较好的控制效果。这种方式利用流量计检测出使用流量,再参考计算所得的配管损耗,成比例地改变出口给定压力。即出口压力的改变与流量的改变成一定比例关系。这样可以在较大的范围内选取泵的速度,大幅度节省功率。图4-27给出了在出口压力和推算末端压力一定的控制方式下,泵的压力控制特性及轴功率的变化。

图4-27中曲线①表示泵的扬程曲线(Q-H),H_0和Q_0分别为泵的额定全扬程和额定流量。此外,用H'和Q'分别表示使用时实际的最大扬程和最大流量。采用出口压力一定(恒出口压)控制方式时,选择最大流量Q'时的压力作为出口压力给定信号,使流量从零到Q'变化,用变频器控制泵的转速,维持泵的出口压力为一定值。

采用推算末端压力一定的控制方式时,要预先掌握配管损耗阻抗曲线(见图4-27中曲线②),根据流量进行控制,使出口压力沿着阻抗曲线变化。由轴功率特性(P-Q)曲线可以看出,采用推算末端压力一定的控制方式所组成的变频控制系统,其无功功率小得多,变频器可以很容易工作于最佳点(节能运行),可以获得很大的节电效果。

2. 在风扇、鼓风机等送风机中的应用

送风机从工作原理上可分为涡轮式和容积式,与泵相同,其轴功率与转速的立方成正比,但它不像泵类机械那样,因扬程高低差而产生损耗。在这类调速系统中,只要改变变频器的运行模式,即可节约大量功率。表4-6为送风机典型的风量模式。

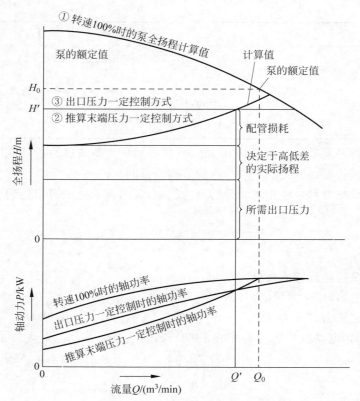

图 4-27 泵的压力控制特性及轴功率的变化

表 4-6 送风机典型的风量模式

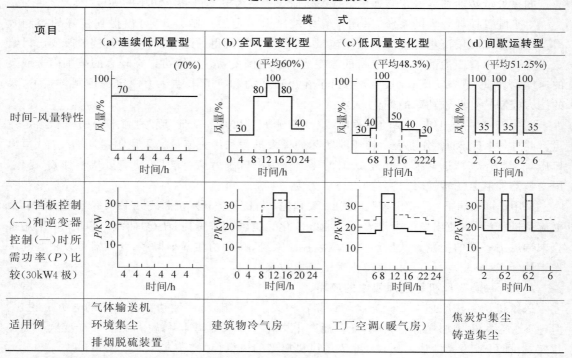

项目	模　　式			
	(a)连续低风量型	(b)全风量变化型	(c)低风量变化型	(d)间歇运转型
时间-风量特性	(70%)	(平均60%)	(平均48.3%)	(平均51.25%)
入口挡板控制(---)和逆变器控制(—)时所需功率(P)比较(30kW4极)				
适用例	气体输送机 环境集尘 排烟脱硫装置	建筑物冷气房	工厂空调(暖气房)	焦炭炉集尘 铸造集尘

下面重点分析表 4-6 中模式(d)的节能运行情况。

送风机为大惯性负载,模式(d)中大容量电动机的频繁起动电流所产生的电磁力,对电动机绝缘材料具有很大的破坏力。对于这种设备,可以采用变频器-工频电网切换控制方式,即用变频器将电动机从零加速到额定转速,在额定转速下,使变频器的输出电压同工频电网的相位、频率等一致后,进行切换。采用这种方式,加速时电动机的转差率可以限制在很小的范围,所以电源容量变小,起动时的损耗和电磁力也小。另外,切换时变频器与工频电网为同步切换,因此冲击转矩小,可以频繁加、减速。送风机负载采用变频器进行节能运行控制,可以取得很明显的节能效果。

4.5 本章小结

(1)变频器输入端子的控制方法有模拟控制端子信号输入方法和接点控制端子的控制方法。模拟控制端子信号输入又分为模拟电压控制端子和模拟电流控制端子两种输入信号。接点控制端子的控制方法有接点开关控制、晶体管开关控制及光电耦合器开关控制。

(2)变频器与 PLC 的接口连接分为变频器运行信号、频率指令信号及接点输出信号与PLC 的连接。有些信号不能直接连接,必须要进行转换后才可连接。

(3)变频器的基本运行方式有点动运行、正转/反转运行、并联运行、多段速运行、工频与变频切换运行、瞬时停电再起动运行、远距离操作运行等。本章重点是对上述各种运行方式进行控制电路的设计以及用 PLC 控制变频器实现各种运行的控制设计,掌握上述控制方法的设计具有一定实用性。

(4)节能运行是变频器的主要特点,本章通过变频器在泵类和风机类负载中的应用对节能运行作了简单的分析。

思考题与习题

1. 变频器输入端子有哪些控制方法?
2. 简述变频器运行信号与 PLC 的连接。
3. 简述变频器频率指令信号与 PLC 的连接。
4. 简述变频器接点输出信号与 PLC 的连接。
5. 设计用 PLC 控制变频器的正、反转。
6. 设计两台变频器并联运行的控制。
7. 在什么情况下要将变频器控制电路设计成变频与工频的切换?
8. 设计手动变频器工频和变频切换电路,并分析切换过程。
9. 简述变频器在泵类负载中是如何节能的。
10. 简述变频器在风机类负载中是如何节能的。

第 5 章

变频器的参数与选择

变频器种类很多,根据性能及控制方式可把变频器分为简易型、多功能型、高性能型。变频器的控制方式有 U/f 控制、电压型 PWM 控制、电流型矢量控制、转差频率控制等。在选择变频器时,首先要选择种类,其次要选择变频器的型号、容量等。如果变频器的选型不当,会造成变频器不能充分发挥作用。选择变频器的同时还要选择与变频器匹配的外围设备。

5.1 常用变频器的品牌及主要参数

5.1.1 变频器常见品牌的介绍

目前国内市场上流行的通用变频器有很多种,如西门子、罗克韦尔、Schneider、富士、三菱、日立、松下、东芝、LG、三星、东元、时代、西普、科姆龙、普传、佳灵、森兰、利德华福、惠丰等。欧美国家的产品有性能先进、适应环境性强的特点;日本产品外形小巧、功能多;国产变频器则符合国情、功能简单、专用、大众化、价格低。

1. 德国西门子新型变频器

西门子公司推出两种新型变频器 G110 和 G150,其特点是单输入,且能广泛应用于水泵、风机等负载。G110 单相变频器的功率范围为 $0.12\sim3\mathrm{kW}$,设计简单、成本低,目前作为西门子 Micromaster4 系列变频器的补充部分,而不是完全替代它。G110 系列变频器分两种:一种是带有模拟量输入;另一种是采用 RS485 通信接口形式,并专门和西门子的 S7 系列 PLC 配合使用。该变频器带有插拔的键盘,具有从一个变频器到另一个变频器的参数复制功能。G150 变频器的功率范围为 $75\sim800\mathrm{kW}$,这种变频器提供了西门子传动固有的 PROFIBUS 接口。G150 变频器在全功率运行下,仅产生 72dB 水平的噪声,因此不需安装隔音设备,节省了安装经费和安装空间。

2. 美国罗克韦尔 PowerFlex 700 交流变频器

罗克韦尔(AB)公司的 PowerFlex 700 交流变频器使用新一代的中压功率元件 SGCT,在提高可靠性的同时降低了导通和开关损耗,并由此推出先进的无变压器变频方案。该产品提供对电源、控制和操作界面的灵活封装,用于满足空间、灵活性可靠性要求,并提供丰富的功能,允许用户在大多数应用中很容易地对变频器进行组态。其特点是人机界面及调试灵活、零间隙安装、多种通信连接及控制方式多样。

3. 西普小精灵系列变频器(国产)

西普小精灵系列变频器是依据中国国情设计的 21 世纪新产品,采用 16 位单片机、IGBT 和最新空间向量控制理论,功能精简,简易实用,通过参数设定器可得到与泛用型 G 系列相同的功能。该系列产品的控制模式为空间向量控制,输出频率范围为 $0\sim400\mathrm{Hz}$,载波频率范围为 2～16kHz,过载系数为 150%,加、减速时间范围为 0.1～3200s,控制功能有正转/反转、点动、两段速等。

4. 科姆龙 KV1000 系列通用型变频器(国产)

科姆龙 KV1000 系列通用型变频器采用模块化的设计思想,使产品维护方便;采用独特的防尘通道设计,适用于多尘埃、潮湿恶劣的工业场合;采用独特的书本式面盖设计,使配线更加方便、合理,且外形美观。该系列产品的主要技术指标有 4 个:①宽电压工作范围,允许电压波动达±20%,适用于恶劣的电网环境;②强功率裕量设计,使产品的过载和抗冲击能力增强;③磁通矢量控制算法及死区补偿技术,可实现 0.5Hz 额定转矩输出,适合负载的直接起动,电流波形谐波成分少,效率高;④转速追踪再起动功能,尤其适合大惯性负载的瞬停无冲击平滑起动。

5. 普传交流变频调速器(国产)

普传变频器,全称为"普传交流变频调速器",是普传科技股份有限公司旗下的品牌变频器。主要用于三相异步交流电机的变频调速和节能,用于控制和调节三相交流异步电机的速度,并以其稳定的性能、丰富的组合功能、高性能的矢量控制技术、低速高转矩输出、良好的动态特性及超强的过载能力,在变频器市场占据着重要的地位。普传 PI8000 系列变频器是普传科技基于电机运行与控制最新理论和技术成果推出的全新电流矢量高性能变频器,以伺服功能完成对电机的完美控制。PI8600 系列变频器是普传科技基于 PI8000 系列高性能电流矢量软件平台的,针对单相 220V 的应用场合需求,特研制的一款单相经济型变频器,是现代小型加工制造业自动化控制的精品。PI9000 系列变频器是普传科技基于电机运行与控制最新理论和技术成果推出的全新电流矢量高性能变频器,以伺服功能完成对电机的完美控制。

5.1.2 变频器常用参数

1. 输入侧的额定值

中小型通用变频器输入侧的额定值主要指电压和相数。在我国,输入电压的额定值有三相 380V、三相 220V 和单相 220V 三种,输入侧电压的频率一般为工频 50Hz。

2. 输出侧的额定值

1) 输出电压 U_N

由于变频器在变频的同时也要变压,所以输出电压的额定值是指输出电压中的最大值。在大多数情况下,它就是输出频率等于电动机额定频率时的输出电压值。通常,输出电压的额定值总是和输入电压相等。

2) 输出电流 I_N

I_N 指允许长时间的最大电流,是用户在选择变频器时的主要依据。

3) 输出容量 S_N

S_N 取决于 U_N 和 I_N 的乘积,其表达式为

$$S_N = \sqrt{3} U_N I_N$$

4) 配用电动机容量 P_N

对于长期连续工作的负载,变频器的配用电动机容量估算方法为

$$P_N = S_N \eta_M \cos\varphi_M$$

5) 过载能力

变频器的过载能力是指允许其输出电流超过额定电流的能力,大多数变频器都规定为 150% I_N。

3. 变频器的性能指标

1）在 0.5Hz 时能输出多大的起动转矩

比较优良的变频器在 0.5Hz 时能输出 200％的高起动转矩（在 22kW 以下，30kW 以上能输出 180％的起动转矩）。具有这一性能的变频器，可根据负载要求实现短时间平稳加、减速，快速响应急变负载，及时检测出再生功率。

2）频率指标

变频器的频率指标包括频率范围、频率稳定精度和频率分辨率。

频率范围以变频器输出的最高频率和最低频率标识，各种变频器的频率范围不尽相同。通常，最低工作频率范围为 0.1～1Hz，最高工作频率范围为 200～500Hz。

频率稳定精度也称为频率精度，是指在频率给定值不变的情况下，当温度、负载变化，电压波动或长时间工作后，变频器的实际输出频率与给定频率之间的最大误差与最高工作频率之比（用百分比表示）。例如，用户给定的最高工作频率为 120Hz，最大误差为 0.012Hz，则频率精度为 0.012/120＝0.01％。

通常数字量给定的频率精度约比模拟量给定的频率精度高一个数量级，一般数字量能达到±0.01％，模拟量能达到±0.5％。

频率分辨率指输出频率的最小改变量，即每相邻两档频率之间的最小差值。

4. 变频器容量

通用变频器的容量用所选的电动机功率、输出容量、额定输出电流表示。其中最重要的是额定输出电流，它是指变频器连续运行时输出的最大交流电流的有效值。

输出容量决定于额定输出电流与额定输出电压下的三相视在输出功率。日本的各变频器生产厂家在 1993 年达成行业协议：变频器的型号规格中均标以所适用的电动机最大功率数。例如，富士公司的 FRN30G11S-4，表示产品型号为 FRENIC5000，标准适配电动机容量为 30kW，系列名称为 G11S，电源电压为 400V。

5. 输出频率

变频器的最高输出频率，根据型号不同差别很大，通常有 50/60Hz、120Hz、240Hz、400Hz 或更高，通用变频器中大容量的大都属于 50/60Hz 这一类，而最高输出频率超过工频的变频器多为小容量。例如，应用于车床上的变频器，容量小，它根据工件的直径和材料改变速度，在恒功率范围内使用，在轻载时采用高速可以提高生产率。

6. 保护结构

变频器内部生产的热量大，考虑到散热的经济性，除小容量变频器外，一般采用开放式构造，用风扇进行强制冷却。对于小容量变频器，在粉尘、烟雾多的环境，或者棉绒多的纺织厂，也可采用全封闭式结构。

7. 电源电压不平衡率

$$电源电压不平衡率 = \frac{最大相电压 - 最小相电压}{三相平均电压} \times 67 \times 100\%$$

5.2　变频器的选择

通用变频器的选择包括变频器的类型选择和容量选择，变频器的类型选择是根据负载要求来选择的。容量是根据电动机的额定电流和额定功率来决定的。在实际工程中，负载的机械特性是不同的，选择变频器的方法也是不同的，所以在选择变频器之前，一定要了解负载特性及负载的机械特性。

5.2.1 负载特性

1. 变频器传动的电动机等效电路

变频器传动时,变频器输出的波形中含有高次谐波。基波分量的等效电路如图 5-1 所示。对于高次谐波分量,由于励磁电抗 jx_m 变大,所以高次谐波等效电路省略 x_m,如图 5-2 所示。

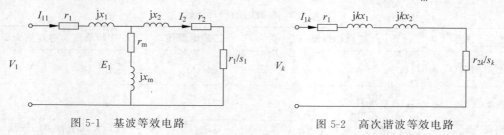

图 5-1　基波等效电路　　　　　　　　图 5-2　高次谐波等效电路

分别计算基波等效电路和高次谐波等效电路的参数,进而利用叠加原理获得变频器传动的电动机负载特性参数。

2. 空载特性

空载电流可由基波电流 I_{01} 与 k 次谐波电流 I_{0k} 叠加合成求得,即

$$I_0 = \left(I_{01}^2 + \sum_k^\infty I_{0k}^2 \right)^{1/2} \tag{5-1}$$

$$I_{01} = \frac{V_1}{\sqrt{(r_1 + r_m)^2 + (x_1 + x_m)^2}} \tag{5-2}$$

$$I_{0k} = \frac{V_k}{\left[\left(r_1 + \dfrac{r_{2k}}{s_k} \right)^2 + (kx_1 + kx_2)^2 \right]^{1/2}} \tag{5-3}$$

由式(5-1)可以看出,变频器传动比工频电源传动的空载电流要大些。

构成空载损耗的主要部分有定子铜损、转子铜损、铁损和机械损。空载时的损耗比较见表 5-1,其中,转子铜损和与斩波频率有关的铁损是高次谐波引起损耗增大的主要部分。

表 5-1　空载时的损耗比较

损　　耗	变频器传动	工频电源传动	变频器传动引起增大部分
定子铜损	$3I_0^2 r_1$	$3I_{01}^2 r_1$	$3\sum_k^\infty I_{0k}^2 r_1$
转子铜损	$3\sum_k^\infty I_{0k}^2 r_{2k}$	≈ 0	$3\sum_k^\infty I_{0k}^2 r_{2k}$
铁损	$3I_{01}^2 r_m +$ 与斩波频率有关的铁损	$3I_{01}^2 r_m$	与斩波频率有关的铁损

3. 负载特性分析

由图 5-1 求得负载基波电流 I_{11},由图 5-2 求得负载 k 次高次谐波电流 I_{1k},再将负载的基波电流 I_{11} 与 k 次高次谐波电流 I_{1k} 叠加求得负载电流 I_1。

$$I_1 = \left(I_{11}^2 + \sum_k^\infty I_{1k}^2 \right)^{1/2} \tag{5-4}$$

负载基波电流 I_{11} 是与电动机产生功率相对应的基波电流,产生功率等于电动机轴输出

功率加上机械损耗（风损、摩擦损等）。

电动机损耗有定子铜损、转子铜损、铁损和机械损（风损、摩擦损等），它们又可分为变频器传动、工频电源传动无变化的成分和受高频分量影响而增加的成分（变频器传动引起增大部分）。

负载时的损耗比较见表 5-2。高次谐波分量引起的损耗增大部分与负载大小无关，可以大体看作一定，与空载时相同。因此，负载越轻高次谐波引起的损耗增加的影响就越大，效率、功率因数等特性将恶化。

表 5-2　负载时的损耗比较

损　　耗	变频器传动	工频电源传动	变频器传动引起增大部分
定子铜损	$3I_1^2 r_1$	$3I_{11}^2 r_1$	$3\sum\limits_k^\infty I_{1k}^2 r_1$
转子铜损	$3I_{12}^2 + 3\sum\limits_k^\infty I_{1k}^2 r_{2k}$	$3I_{12}^2 \times r_{21}$	$3\sum\limits_k^\infty I_{1k}^2 r_1$
铁损	$3I_{m1}^2 r_m +$ 与斩波频率有关的铁损	$3I_{m1}^2 r_m$	与斩波频率有关的铁损

由于变频器传动与工频电源传动产生的负载损耗不同，相对的负载特性也就不同。我们将典型的 PWM 变频器传动与工频电源传动所产生的负载特性列表比较，见表 5-3。电动机是 4 极，功率为 15kW，全封闭外扇式。由表 5-3 中列出的特性可看出，变频器传动与工频电源传动相比，效率、功率因数恶化，线圈温升变得相当高。通常电动机温升同冷却风量产生的冷却效果关系是

$$\theta \propto \frac{1}{Q^{0.4\sim0.5}} \tag{5-5}$$

$$Q \propto N$$

式中：θ——电动机的温升；

Q——冷却风量；

N——电动机转速。

表 5-3　负载特性的比较

电源种类	工频电源	PWM 变频器
电压/V	200	194
电流/A	54.5	58.8
输入功率/kW	16.5	17.1
转速/(r/min)	1453	1450
输出功率/kW	14.92	14.5
效率/%	90.8	87.5
功率因数/%	87.5	86.6
线圈温升/℃	58	77

实际上计算损耗的增加非常复杂，一般采用估算方法，即电动机在额定运转时，变频器传动与工频电源传动相比，电流约增加 10%，温升约增加 20%。

5.2.2　负载的机械特性

变频器的选择不仅要考虑负载特性还要考虑负载的机械特性。电动机的机械特性 $n = f(T_M)$ 必须与负载特性 $n = f(T_L)$ 相匹配，整个传动系统才能正常工作。下面介绍几种典型负载的机械特性。

1. 恒转矩负载

恒转矩负载的转矩不随转速的变化而变化,是一个恒定值。例如,起重机的位能性负载。如图 5-3 所示,电动机拖动卷绕轮将重物吊起,重物受地球引力为 F_L,卷绕轮的半径为 r,则负载转矩 $T_L = rF_L$。不管电动机的转速如何,因为 F_L 不变,所以 T_L 不变,因此这类负载具有恒转矩特性。

除了电梯、卷扬机、起重机、抽油机等位能负载具有恒转矩之外,摩擦类负载也是具有恒转矩特性的负载,如传送带、搅拌机、挤压成型机、造纸机等。恒转矩负载的机械特性如图 5-4 中直线①所示,当转速发生变化时,其负载功率与转矩呈线性关系,如图 5-4 中直线②所示。

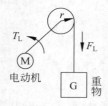

图 5-3 恒转矩负载

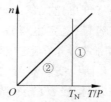

图 5-4 恒转矩特性曲线

要注意的是,恒转矩负载的转矩只是不随转速的变化而变化,但会随负载自身的变化而变化。例如,起重机的重物发生变化,则转矩也会发生变化。

2. 恒功率负载

恒功率负载的转速发生变化时,其转矩也随着变化,而负载的功率始终为一个恒定值。例如,车床以相同的切削线速度和进刀深度加工工件时,若工件的直径大,则主轴的转速低;若工件的直径小,则主轴的转速高,切削功率保持为一恒定值。例如,卷绕机开始卷绕时卷绕直径小,转矩小,则卷绕速度高;当卷绕直径逐渐增大时,转矩增大,则卷绕速度降低,保持卷绕功率为一恒定值。恒功率负载的机械特性如图 5-5 中直线①所示,其转速与转矩之间的关系如图 5-5 中曲线②所示。

3. 平方转矩负载

风机、泵类等流体机械,当叶轮转动时,其工作介质(如空气、水、油等)对叶轮的阻力大致与叶轮转速的平方成比例。当叶轮的转速较低时,流体的流速低,对叶轮的阻力小。随着叶轮转速的增加,流体的流速加快,对叶轮的阻力按转速的二次方比例增加,即 $T_L = kn^2$。平方转矩负载的特性曲线如图 5-6 所示,其中曲线①是转矩特性,曲线②是功率特性。

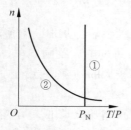

图 5-5 恒功率负载特性曲线

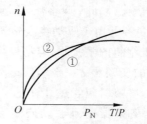

图 5-6 平方转矩负载特性曲线

由特性曲线可见,这类负载起动转矩小,随着转速升高,转矩也在增大;其负载功率与转速的三次方成比例,转速发生变化,其负载功率就有较大变化,所以这类负载用变频器调速具有很好的节能效果。

5.2.3 变频器类型选择

通用变频器根据控制功能的不同,可以分为 4 种类型:普通功能型 U/f 控制变频器、具有转矩控制功能的高功能型 U/f 控制变频器、矢量控制高性能型变频器和直接转矩控制型变频器。变频器的类型选择要考虑负载的要求和周围的环境等因素。

1. 变频器类型选择的依据和方法

(1) 变频器类型选择的基本原则:选择通用变频器时,应以电动机的额定电流和负载特性为依据选择变频器的额定容量。各个生产商定义通用变频器的额定容量有些差异,通常以不同的过载能力为标准确定。例如,125%载荷条件下持续工作 1min,以此变频器的输出电流作为变频器的额定容量(额定电流);或 150%载荷条件下持续工作 1min,以此变频器的输出电流作为变频器的额定容量(额定电流)。

(2) 选择类型和使用变频器前,应仔细阅读产品说明书,有不当之处应及时调整。然后再进行选型、购买、安装、接线、设置参数、试车和投入运行。

(3) 通用变频器输出端允许连接的电缆长度是有限制的,若需要长电缆运行或控制多台电动机时,应采取措施抑制对地耦合电容的影响,并应放大一、两档选择变频器容量或在变频器的输出端选择安装输出电抗器。另外,在此种情况下变频器的控制方式只能为 U/f 控制方式,并且变频器无法实现对电动机的保护,需在每台电动机上加装热继电器实现保护。

(4) 对于一些特殊的应用场合,如环境温度高于 50℃、海拔高度高于 1000m 等,会引起通用变频器过电流,选择的变频器容量需放大一档。

(5) 通用变频器用于控制高速电动机时,由于高速电动机的电抗小,会产生较多的谐波,这些谐波会使变频器的输出电流值增加。因此,选择的变频器容量应比拖动普通电动机的变频器容量稍大一些。

(6) 通用变频器用于变极电动机时,应充分注意选择变频器的容量,使电动机的最大运行电流小于变频器的额定输出电流。另外,在运行中进行极数转换时,应先停止电动机工作,否则会造成电动机空载加速,严重时会造成变频器损坏。

(7) 通用变频器用于驱动防爆电动机时,由于变频器没有防爆性能,应考虑是否能将变频器设置在危险场所之外。

(8) 通用变频器用于驱动齿轮减速电动机时,使用范围受到齿轮转动部分润滑方式的制约。当用润滑油润滑时,在低速范围内没有限制,在超过额定转速的高速范围内,有可能发生润滑油欠供的情况,因此,要考虑最高转速容许值。

(9) 通用变频器用于驱动绕线转子异步电动机时,由于绕线电动机与普通异步电动机相比,绕线电动机绕组的阻抗小,容易发生因谐波电流而引起的过电流跳闸现象,因此应选择比通常容量稍大的变频器。一般绕线电动机多用于飞轮力矩较大的场合,在设定加、减速时间应特别注意核对,必要时应经过计算。

(10) 通用变频器用于驱动同步电动机时,与工频电源相比会降低输出容量的 10%~20%,变频器的连续输出电流要大于同步电动机的额定电流。

(11) 通用变频器用于压缩机、振动机等转矩波动大的负载及油压泵等有功率峰值的负载时,有时按照电动机的额定电流选择变频器可能发生因峰值电流使过电流保护动作的情况。因此,应选择比其在工频运行下的最大电流更大的运行电流作为选择变频器容量的依据。

(12) 通用变频器用于驱动潜水泵电动机时,因为潜水泵电动机的额定电流比通常电动机的额定电流大,所以选择变频器时,其额定电流要大于潜水泵电动机的额定电流。

(13) 通用变频器用于驱动罗茨风机或特种风机时,由于其起动电流很大,所以选择变频器时一定要注意变频器的容量是否足够大。

(14) 通用变频器不适用于驱动单项异步电动机,当通用变频器作为变频电源用途时,应在变频器输出侧加装特殊制作的隔离变压器。因为当普通变压器工作在高于 $50\,\mathrm{Hz}$ 及波形失真的情况下时,其铁芯损耗、涡流损耗和温度会大幅度提高,导致其发热严重,并进一步带来绝缘降低、啸叫等问题。从结构材料上看,$50\,\mathrm{Hz}$ 变压器的铁芯材料的磁感应强度高,当工作频率增高时,要求铁芯材料的磁感应低,宜采用较薄的铁芯材料,如 $0.1\,\mathrm{mm}$($50\,\mathrm{Hz}$ 变压器的铁芯材料一般为 $0.35\,\mathrm{mm}$),以利于降低铁芯的涡流损耗。另外,铁芯体积、安匝数、铁芯形状等都与频率有关。

(15) 对加速时间有特殊要求时,应该核算通用变频器的容量是否满足所要求的加速时间,如果不能满足则必须加大 1 档通用变频器的容量。因为在由电网电源供电的场合,电源频率是恒定的,电动机从转差率为 1 开始加速,此时加速电流与转矩大体上是成比例的,而在大转差率的起动加速区域,其加速电流变化为额定电流的 $400\% \sim 500\%$,甚至更高,因为电网电源的容量很大,有足够的电流提高给电动机。

而当用通用变频器驱动电动机时,与电网驱动则不同,其短时最大电流一般不超过额定电流的 200%,通常在超过额定值 15% 时,通用变频器的过流保护或防失速保护就会动作,而停止加速,以保持转差率不要过大。所以 U/f 控制的通用变频器即使运用转矩提升功能,其起动转矩一般最高也超不过额定转矩的 150%,而且由于低频时散热等问题,电动机所输出的转矩要小于额定转矩。另外,在进行急剧加速和减速时,一般利用防失速功能避免跳闸,但同时也加长了加、减速时间。为了保证加速时间不受防失速功能的影响,应增大通用变频器的容量以加大通用变频器输出电流能力,但是,尽管如此,电流的大幅度增大并不能使电动机转矩增大,所以最好也同时加大电动机容量。

(16) 对减速时间有特殊要求时,如果内部制动功能不能满足要求,应在外部加制动电阻制动,并要根据需要对制动电阻的大小进行计算。在通用变频器调速控制系统中,电动机的减速是通过降低通用变频器输出频率而实现的。

当需要电动机以比自由减速更快的速度减速时,可以加快通用变频器输出频率的降低速度,使其输出频率对应的速度低于电动机的实际转速,对电动机进行再生制动。在这种情况下,异步电动机将成为异步发电机,负载的机械能被转换为电能,并通过逆变桥与 IGBT 反并联的二极管回馈通用变频器的中间直流回路。

当电动机瞬时减速或快速停车时,由于惯性,电动机速度将大于通用变频器指令速度,这时负载的动能由电动机转换成电能,同样也要回馈到中间直流回路。中间直流回路虽然并联大电容器,但只能吸收部分能量。当负载惯量或频繁变速时,由于回馈能量大,电容器难以吸收而引起过电压,在这种场合就需要使用制动单元,由制动单元监测直流回路电压,控制制动电阻的通断,形成一个斩波电路,消耗电动机回馈的电能,并产生制动力矩,获得瞬时减速、快速停车的效果。但是,当上述回馈能量过大时,通用变频器本身的过电压保护电路将会动作并切断通用变频器输出,使电动机处于自由减速状态,反而无法达到快速减速的目的。

为了避免出现上述现象,在通用变频器中通常采用直流制动电路。在直流制动回路中,当直流中间回路的电压上升到一定值时,制动三极管将会导通,使直流电压通过制动电阻以热能的形式消耗掉,这也是制动电阻的作用。合理地配置制动单元或制动电阻有利于通用变频器的安全、可靠运行。

需要说明的是,一般的通用变频器均设有交流制动功能和直流制动功能。交流制动功能一般用于所要求的制动转矩小于额定转矩的50%的场合。交流制动功能可以减小电动机中的制动功率,而不是制动电阻消耗的功率。交流制动功能可以在参数菜单中设定。如果所要求的制动转矩高于额定转矩的50%就不能采用交流制动功能,而应采用直流制动,采用直流制动就必须采用制动电阻。

(17) 应考虑物理环境。通用变频器集成度高、整体结构紧凑、自身散热量较大,对安装环境温度、湿度和粉尘量等要求较高,在使用说明书中有详细的安装环境要求,应注意选用符合要求的防护等级产品。

(18) 应考虑电气环境。安装通用变频器应考虑电气环境主要是中心控制室、通用变频器、电动机三者之间的距离以及电磁干扰和电气安全等方面的问题。

2. 根据不同负载类型选择变频器

1) 恒转矩负载

多数负载具有恒转矩特性,但在转速精度及动态性能等方面的要求一般不高,例如挤压机、搅拌机、传送带和提升机等。变频器的选用分为以下两种情况。

(1) 采用普通功能型变频器,要实现恒转矩调速,必须加大电动机和变频器容量,提高低速转矩。

(2) 采用具有转矩控制功能的高功能型变频器,可很好地实现恒转矩负载的调速运行。

恒转矩负载采用通用变频器控制时,应注意以下几点:

(1) 由于恒转矩负载类设备存在一定静摩擦力,有时负载的惯量很大,在起动时要求有足够的起动转矩,这就要求通用变频器有足够的低频转矩提升能力和短时过流能力。但在负载较重、低速运行的情况下,为提高转矩提升能力而使电压补偿提得过高,往往容易引起过电流保护动作。选型时应充分考虑这些情况,必要时应将通用变频器的容量提高一档,或者采用具有矢量控制或直接转矩控制的通用变频器。采用矢量控制或直接转矩控制通用变频器可以在不过流的情况下提供较大的起动转矩。

(2) 当恒转矩负载需要长期在低速下运行时,电动机温升会增高,电动机输出转矩会下降,必要时应换用变频器专用电动机或改用6、8级电动机。变频器专用电动机和普通异步电动机的主要差别是变频器专用电动机绕组线径较粗、铁芯较长,且自身带有独立的冷却风扇,能保证在全频率变化范围内输出100%的额定转矩。改用6、8级电动机可使电动机运转在较高频率附近。

(3) 对于升降类恒转矩负载,如提升机、电梯等,这类负载的特点是起动时冲击电流大,在其下降过程中需要一定制度转矩,同时会有能量回馈,因此要求变频器有一定余量。变频器本身提供的制动电阻不足时,必须外加制动单元。

2) 恒功率负载

卷扬机、机床主轴等负载,属于恒功率负载,机械特性较复杂。由公式 $P=T\cdot n/9550$ 可看出,当功率 P 恒定时,输入转矩 T 与转速 n 一定成反比。

(1) 当低速运行时,要求机械特性硬些(转矩变化与所引起的转速变化的比值称为机械特性硬度)。如果控制系统采用开环控制,可选用具有无转矩反馈矢量控制功能的变频器。

(2) 当要求调速精度和动态性能指标较高时,以及要求高精度同步运行等场合,可采用带速度反馈的矢量控制方式的变频器。如果控制系统采用闭环控制,可选用能四象限运行、U/f 控制、具有恒转矩功能型的变频器。

在恒功率负载设备上采用变频调速时,为了不过分增大通用变频器的容量,又能满足恒功率的要求,一般采用如下方法:

（1）当在整个调速范围内可分段进行调速时，可以采用变极电动机与通用变频器相结合或者机械变速与通用变频器相结合的办法。

（2）如果在整个调速范围内要求不间断地连续调速，则在异步电动机的额定转速选择上应慎重考虑。一般选择的依据是在异步电动机的机械强度和输出转矩能满足转速的要求时，尽量采用 6、8 极电动机。

（3）选择通用变频器时，系统设计时应注意不能使异步电动机超过其同步转速运行，否则易造成破坏性机械故障。通用变频器的容量一般取 1.1～1.5 倍异步电动机的容量。变频控制柜应加装专用冷却风扇。

3）平方转矩负载

风机、泵类等负载属于平方转矩负载，在运行频率低于 15Hz 以下时，风机、泵类等负载在低速运行时所需要的转矩要求相应降低，过载能力较小，一般为 110%～120% 额定电流，持续时间 1min。由于这类负载对转速精度要求不高，因此通常选择普通功能型的变频器。但在实际应用中应注意以下几点：

（1）通用变频器的运行上限频率不要在 50Hz 附近，否则会引起功率消耗急剧增加，失去应用变频器节能运行的意义，并可使风机、泵类负载和电动机的机械强度及通用变频器的容量都将不符合安全运行要求。

（2）一般风机、泵类负载不宜在低频下运行，以免发生逆流、喘振等现象。

（3）在满足异步电动机起动转矩的前提下，应尽量采用节能模式，以获得更大的节能效果。对于转动惯量较大的风机、泵类负载，应适当加大加、减速时间，以避免在加、减速过程中过电流保护或过电压保护动作，影响正常运行。

（4）对于空压机、深井泵、泥沙泵、音乐喷泉等负载需加大变频器容量。

（5）选择通用变频器时，降转矩负载的功率表达式为 $P = Kn^3$，转矩的表达式为 $T = Kn^2$。

在进行系统设计时应注意：一般情况下，风机、水泵采用变频器调速的主要目的是节能，理论与实践证明可节能范围为 20%～50%；通用变频器的容量应与异步电动机的额定功率相同，并应核对通用变频器的额定电流是否与异步电动机的额定电流一致。

3. 根据环境选择变频器

在变频器实际应用中，为了降低成本，大多数变频器直接安装于工作现场。工作现场一般灰尘大、温度高，并且在南方还有湿度大的问题；另外，外界的干扰也影响变频器的正常使用。因此，对变频器的工作环境有一定要求。

1）温度

变频器环境温度为 -10～50℃，一定要考虑通风散热。

2）相对湿度

符合 IEC/EN60068-2～6。

3）抗震性

符合 IEC/EN60068-2～3。

4）变频器的抗干扰

（1）外来干扰。变频器采用了高性能微处理器等集成电路，对外来电磁干扰较敏感，会因电磁干扰的影响而产生错误，对运转造成恶劣影响。外来干扰多通过变频器控制电缆侵入，所以铺设控制电缆时必须采取充分的抗干扰措施。

（2）变频器产生的干扰。变频器的输入和输出电流的波形含有很多高次谐波成分，它们将以空中辐射、线路传播等方式把自己的能量传播出去，对周围的电子设备、通信和无线电设备的工作形成干扰。因此,在选择变频器时,要采取措施削弱干扰信号,在后续将详细介绍抗干扰技术。

5.2.4 变频器容量的计算

变频器容量的选择是根据所选电动机的容量和电动机的工作状态作为依据的。变频器的选择原则是变频器的额定输出电流和电压要大于等于电动机的额定电流和电压。

1. 连续运行场合

由于变频器传给电动机的电流是脉动的,其脉动值比工频供电时电流要大,在选择变频器的容量时必须留有余量,要满足以下 3 个条件:

$$P_{CN} \geq \frac{kP_M}{\eta\cos\varphi} \tag{5-6}$$

$$I_{CN} \geq kI_M \tag{5-7}$$

$$P_{CN} \geq \sqrt{3}U_M I_M \times k \times 10^{-3} \tag{5-8}$$

式中:P_M——负载所要求的电动机的轴输出功率;

η——电动机的效率(通常约为 0.85);

$\cos\varphi$——电动机的功率因数(通常约为 0.75);

U_M——电动机电压;

I_M——电动机的电流,是工频电源时的电流,A;

k——电流波形的修正系数(PWM 方式时,取值范围为 1.05~1.1);

P_{CN}——变频器的额定容量,kV·A;

I_{CN}——变频器的额定电流,A。

还可以用估算法,即

$$I_{CN} \geq (1.05 \sim 1.1)I_{max} \tag{5-9}$$

式中:I_{max}——电动机实际最大电流或额定电流(铭牌值)。

如按电动机实际运行的最大电流来选择变频器,变频器的容量可以适当缩小,如图 5-7 所示。

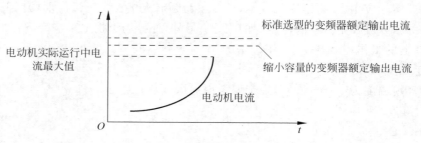

图 5-7 变频器容量按最大值电流选择曲线

2. 加、减速运行场合

变频器的最大输出转矩是由变频器的最大输出电流决定的。一般情况下,对于短时间的加、减速而言,变频器允许达到额定输出电流的 130%~150%,这一参数通常在各型号变频器产品参数表的"过载能力""过载容量""过电流承受量"中给出。因此,短时间加、减速时的输出转矩也可以增大。由于电流的脉动,应将要求的变频器过载电流提高 10% 后再进行选定,即要求变频器容量提高一级,如图 5-8 所示。

3. 频繁加、减速运行场合

假设电动机频繁加、减速运行时的特性曲线如图 5-9 所示,此时可根据加速、恒速、减速等各种运行状态的电流值,按下式进行计算。

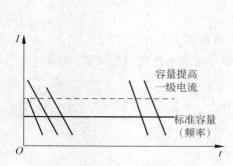

图 5-8　变频器输出电流曲线

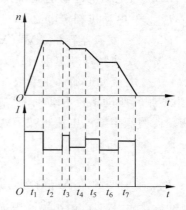

图 5-9　频繁加、减速运行特性曲线

$$I_{CN} = \frac{I_1 t_1 + I_2 t_2 + \cdots + I_5 t_5}{t_1 + t_2 + \cdots + t_5} k_0 \tag{5-10}$$

式中:I_{CN}——变频器额定输出电流;

$I_1, I_2, \cdots, I_5$——各运行状态下的平均电流;

$t_1, t_2, \cdots, t_5$——各运行状态下的时间;

k_0——安全系数(运行频繁时 $k_0 = 1.2$,其他情况时 $k_0 = 1.1$)。

4. 一台变频器拖动多台电动机并联运行

当一台变频器拖动多台电动机时,要考虑以下两种情况。

(1) 根据各电动机的电流总和来选择变频器。

(2) 在整定软起动、软停止时,一定要按起动最慢的那台电动机进行整定。

当变频器短时过载能力为 $150\%/\min$ 时,若电动机加速时间在 $1\min$ 以内,则有

$$1.5 P_{CN} \geqslant \frac{k P_M}{\eta \cos\varphi} \left[1 + \frac{n_s}{n_T}(K_s - 1) \right]$$

即

$$P_{CN} \geqslant \frac{k P_M}{\eta \cos\varphi} \left[1 + \frac{n_s}{n_T}(K_s - 1) \right] = \frac{2}{3} P_{CN1} \left[1 + \frac{n_s}{n_T}(K_s - 1) \right] \tag{5-11}$$

$$I_{CN} \geqslant \frac{2}{3} n_T I_M \left[1 + \frac{n_s}{n_T}(K_s - 1) \right] \tag{5-12}$$

当电动机加速时间在 $1\min$ 以上时,有

$$P_{CN} \geqslant \frac{k P_M}{\eta \cos\varphi} \left[1 + \frac{n_s}{n_T}(K_s - 1) \right] = P_{CN1} \left[1 + \frac{n_s}{n_T}(K_s - 1) \right] \tag{5-13}$$

$$I_{CN} \geqslant n_T I_M \left[1 + \frac{n_s}{n_T}(K_s - 1) \right] \tag{5-14}$$

式中:P_M——负载所要求的电动机的轴输出功率;

n_T——并联电动机的台数;

n_s——电动机同时起动的台数;

η——电动机效率(通常为 0.85);

P_{CN1}——连续容量,kV·A;

K_s——电动机起动电流/电动机额定电流;

I_M——电动机额定电流,A;

P_{CN}——变频器容量,kV·A;

I_{CN}——变频器额定电流;

k——电流波形的修正系数(PWM 方式时,取值范围为 1.05~1.1)。

当变频器驱动多台电动机,但其中有一台电动机可能随机挂接到变频器,或随时退出运行时,变频器的额定输出电流可按下式计算:

$$I_{1CN} \geqslant k \sum_{i=1}^{J} I_{MN} + 0.9 I_{MQ} \tag{5-15}$$

式中:I_{1CN}——变频器额定输出电流,A;

I_{MN}——电动机额定输入电流,A;

I_{MQ}——最大一台电动机的起动电流,A;

k——安全系数,一般取值范围为 1.05~1.1;

J——余下电动机台数。

5. 电动机直接起动时

通常三相异步电动机直接用工频起动时,其起动电流为额定电流的 4~7 倍,对于电动机功率小于 10kW 的电动机直接起动时,可按下式选取变频器:

$$I_{CM} \geqslant \frac{I_k}{K_g} \tag{5-16}$$

式中:I_k——在额定电压、额定频率下,电动机起动时的堵转电流,A;

K_g——变频器的允许过载倍数,一般取值范围为 1.3~1.5。

6. 大惯性负载起动时

根据负载的种类,不少场合往往需要过载容量大的变频器,但通用变频器过载容量通常为 125%、60s 或 150%、60s,过载容量超过此值时,必须增大变频器的容量。这种情况下,一般按下式计算变频器的容量:

$$P_{CN} \geqslant \frac{k n_M}{9550 \eta \cos\varphi} \left(T_L + \frac{GD^2}{375} \cdot \frac{n_M}{t_A} \right) \tag{5-17}$$

式中:GD^2——换算到电动机轴上的总飞轮矩(N·m²);

T_L——负载转矩,N·m²;

η——电动机效率(通常为 0.85);

t_A——电动机加速时间,s;

k——电流波形的修正系数(PWM 方式时,取值范围为 1.05~1.1);

n_M——电动机额定转速,r/min;

P_{CN}——变频器容量,kW。

7. 多台电动机并联起动且部分直接起动

这种情况下,所有电动机由变频器供电,且同时起动,但一部分功率较小的电动机(一般小于 7.5kW)直接起动,功率较大的则使用变频器功能实行软起动。此时,变频器的额定输出电流按下式进行计算:

$$I_{CN} \geqslant \frac{N_2 I_k + (N_1 - N_2) I_n}{K_g} \tag{5-18}$$

式中：N_1——电动机总台数；

　　　N_2——直接起动的电动机台数；

　　　I_n——电动机直接起动时的堵转电流，A；

　　　K_g——变频器容许过载倍数（1.3～1.5）。

5.3　本章小结

（1）了解常用变频器的品牌、型号和主要参数，是选择变频器的基本常识。选择变频器时，首先选择变频器的类型，然后确定变频器的容量。

（2）选择变频器要有一定的原则和方法。

（3）变频器的类型选择与所带负载的机械特性有关，不同类型负载选择变频器的方法不同。变频器选择还与变频器的工作环境有关。

（4）变频器容量是根据电动机的容量来选择的。在不同的工作场合，变频器容量的计算方法不同。选择变频器时，一定要计算准确。

思考题与习题

1. 常用的变频器的品牌有哪些？

2. 变频器常用参数有哪些？

3. 典型负载有哪些？它们各有哪些特点？

4. 选择变频器类型的依据有哪些？

5. 在连续场合，变频器的容量如何选择？

6. 在频繁加、减速场合，变频器的容量如何选择？

7. 多台电动机并联起动且部分直接起动，变频器容量如何选择？

8. 大惯性负载起动时，变频器容量如何选择？

9. 一台变频器拖动多台电动机并联运行，变频器容量如何选择？

第 6 章

变频器的可靠性

6.1 变频器谐波干扰

6.1.1 变频器谐波的产生

什么是谐波? 在交流电(或非交流电)中,除了正弦波之外,还有非正弦波。非正弦波的波形因为用途的不同、产生的原因不同而形状各异。整流输出波形、PWM 波形等都是典型的非正弦波。非正弦波和正弦波有什么内在联系呢? 数学研究指出:一个非正弦波的周期函数,可以分解为无穷多个正弦量叠加的形式,用傅里叶级数展开为

$$f(t) = A_0 + A_1\sin(\omega t + \varphi_1) + A_2\sin(2\omega t + \varphi_2) + A_3\sin(3\omega t + \varphi_3) + \cdots + A_k\sin(k\omega t + \varphi_k)$$

$$= A_0 + \sum_{k=1}^{\infty} A_k\sin(k\omega t + \varphi_k) \tag{6-1}$$

式中,第 1 项 A_0 称为函数的直流分量;第 2 项 $A_1\sin(\omega t + \varphi_1)$ 称为基波;第 3 项及以后各项统称为高次谐波。由于高次谐波的频率是基波的整数倍,所以 $k=2$ 称为 2 次谐波,$k=3$ 称为 3 次谐波,以此类推。有时还将 $k=1,3,5,\cdots$ 奇次的谐波称为奇次谐波;$k=2,4,6,\cdots$ 偶次的谐波称为偶次谐波。在一个具体的非正弦波形中,由于波形的形状不同,分解后有的只含有奇次谐波或只含有偶次谐波。在交流非正弦波形中,分解后不含有直流分量 A_0,只有正弦波分量;在直流脉动非正弦波形中,分解后既含有直流分量 A_0,又含有各正弦谐波分量。

变频器的主电路一般为交-直-交拓扑结构,外部输入 380V/50Hz 的工频电源经三相不可控整流电路整流成直流电压信号,经滤波电容滤波及大功率晶体管开关元件逆变为频率可变的交流信号。在整流回路中,输入电流的波形为不规则的矩形波,波形按傅立叶级数分解为基波和各次谐波,其中的高次谐波将干扰输入供电系统。在逆变输出回路中,输出电流信号是受PWM 载波信号调制的脉冲波形,对于 GTR 大功率逆变元件,其 PWM 的载波频率为 2～3kHz,而 IGBT 大功率逆变元件的 PWM 最高载频可达 15kHz。同样,输出回路电流信号也可分解为只含正弦波的基波和其他各次谐波,而高次谐波电流会直接干扰负载。另外,高次谐波电流还通过电缆向空间辐射,干扰邻近电气设备。

6.1.2 高次谐波干扰的途径及防止对策

输入端产生的高次谐波对电网造成电磁干扰,会降低电网的供电质量;输出端产生的高次谐波可使电动机发热,谐波的辐射会产生无线电干扰。因此,要设法消减变频器工作时产生的高次谐波干扰。

1. 高次谐波干扰的途径

变频器能产生功率较大的谐波,对系统其他设备干扰性较强,其干扰途径与一般电磁干扰途径是一致的,分为辐射和传导两种,如图 6-1 所示。从图 6-1 中可以看出,变频器产生的高次谐波干扰有以下途径:

(1)辐射干扰 它对周围的电子接收设备产生干扰,这是频率很高的谐波分量的主要传播方式。

(2)传导干扰 使直接驱动的电动机产生电磁噪声,铁损和铜损增加,并传导干扰到电源,通过配电网络传导给系统其他设备,这是变频器输入电流干扰信号的主要传播方式。

(3)传导电源干扰 传导电源对电源输入端所连接的电子敏感设备有影响。

(4)感应干扰 对与变频器输出线相平行敷设的其他线路产生电磁耦合形成感应干扰。

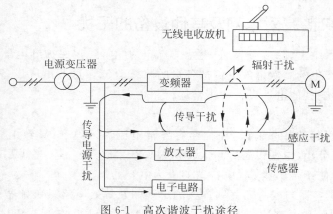

图 6-1 高次谐波干扰途径

2. 防止高次谐波干扰的对策

防止高次谐波干扰的对策,大致分为两大类。

(1)第一类属于传统方式,即降低噪声的大小。方法:①采用开关频率高的电力电子元件,如 MOSFET、IGBT 等;②改善 PWM 的调制方法,降低谐波含量;③用闭环控制的方法(如 ADSM、DSMC)改善传统 PWM 的高次谐波现象;④在变频器输出端加装滤波器,使送至电力设备前的电源波形为正弦波。

(2)第二类属于新尝试,其基本概念及做法是试图将无意义的噪声转变为可选择的信息。如果将声音依着不定期的信息内容而变化的话,声音就只是普通声音,它可以传送某些信息,如音乐或警示等。

3. 防止高次谐波干扰的配套设备

为了防止高次谐波干扰,最好采用如图 6-2 所示的方案。变频器本身采用铁壳屏蔽,输出线采用钢管屏蔽,并与其他弱电信号分别配线,附近的其他灵敏电子设备线路也要屏蔽好,电源线采用隔离变压器或电源滤波器以避免传导干扰。为了减少电磁噪声,可以配置输出滤波器;为了减少对电源的污染,可以配置输入滤波器或零序电感。

如果与晶闸管整流装置、功率因数补偿器并联使用,或电源变压器容量大于 10 倍变频器容量,或电源电压不平衡率超过 3% 时,需接电源匹配电感器。小容量变频器安装电源匹配电感器后,功率因数有所提高;而大容量变频器安装电源匹配电感器后,功率因数无提高,但可以改善变频器运行性能,同时还可以起到滤波的作用。

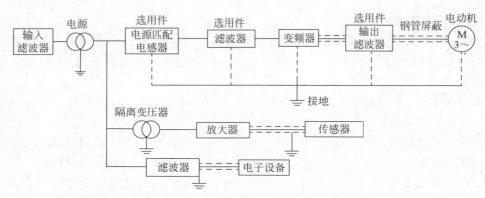

图 6-2　防止高次谐波干扰的对策配线图

6.1.3　高次谐波对电网及其他设备的干扰

一般交流电源系统上,除变频器外,还并联有电力电容器、保护继电器、变压器等电气设备。变频器运行时产生的高次谐波电流按各自的阻抗分流在这些电气设备上,导致电源端电压波形产生畸形,影响其他电气设备的正常运行。

1. 电力电容器

由于高次谐波引起的并联谐振,往往会有异常电流流入电容,导致电容过热、绝缘损坏。通常,当电源阻抗充分小(电源设备容量大)时,很少产生故障。但要考虑高次谐波电流影响低压电力电容,故推荐使用带串联 6% 电抗器的电力电容器。

图 6-3 为电力电容器与变频器并联连接的单线图及等效电路。变频器产生的高次谐波电流 I_n 分别流向电源侧和电容器侧,流向电容器侧的高次谐波电流 I_{Cn} 可由下式求得。

$$I_{Cn} = \frac{nX_S}{(nX_S + nX_L - X_C/n)I_n} \tag{6-2}$$

式中：X_S——电源侧阻抗,Ω；

X_L——串联电抗器的阻抗,Ω；

X_C——电力电容器的阻抗,Ω；

n——高次谐波次数。

式(6-2)中,当 $nX_S + nX_L - X_C/n = 0$ 时为谐振状态,此时电力电容器将流过很大的电流,电容器易被烧毁。因此应适当地选择串联电抗器的值,错开谐振点。

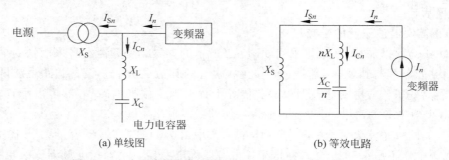

(a) 单线图　　　　　(b) 等效电路

图 6-3　电力电容器与变频器并联连接的单线图及等效电路

2. 保护继电器

继电器的种类繁多,掌握所有高次谐波的影响是很困难的,但可以考虑由过压及热引起的损坏、误动作及动作特征的变化等。对于运行过程中电流产生的热损坏、过压产生的绝缘损坏、振动引起的机械破坏等,在实际工程应用中短时间运行不会出现问题,但是如果电压或电流的有效值大幅度超过额定值,偶尔会发生线圈过热烧损现象。

关于误动作:对于圆盘感应式的保护继电器,其误动作的可能性小;对于静止式的保护继电器,当其以有效值为基准而动作时,如果含有高次谐波,则在接近额定值处也有误动作的可能。

关于动作特征:对于圆盘感应式的保护继电器,如果含有高次谐波,则动作值和动作时间都有若干增大的倾向,但是在实用上一般是没有问题的。

3. 变压器

电流谐波将增加铜损,电压谐波将增加铁损,其综合效果是使变压器温度上升,影响变压器的绝缘能力,并造成容量裕度减小。谐波也可能引起变压器绕组及线间电容之间的共振,引起铁芯磁通饱和或歪斜,从而产生噪声,且损耗随频率增加而增加,因此高次谐波对于变压器的温升是一个比较重要的影响因素。

4. 电力电子设备

在多种场合,电力电子设备常会产生谐波的电流源,且很容易感受谐波失真而误动作。这种设备常靠准确的电压零交叉原理或电压波形的形态来控制或操作。当电路中有谐波成分时,零交叉点移动、波形改变,以致产生许多误动作。例如,不断电系统的同步装置会因取不到正确的零交叉点而影响整个系统的操作。

5. 计量仪表

计量仪表(如电能表)会因谐波而使感应转盘产生额外的电磁转矩,引起误差,降低精确度。由实验得知,若电流中有20%的第5次谐波成分,将产生10%～15%的误差。过大的谐波电流也很容易损坏仪表里的线圈。

6. 电动机

输出谐波对电动机的影响主要是引起电动机发热,导致电动机的额外温升,电动机往往需要降压使用;同时由于输出波形失真,增加电动机的重复峰值电压,降低电动机的绝缘性能,谐波还会引起电动机转矩脉动以及增加噪声。

7. 开关设备

由于谐波电流的存在,开关设备在起动瞬间会产生很高的电流变化率(d_i/d_t),使暂态恢复电压的峰值增加,以致破坏绝缘,使消弧线圈无法正常将电弧引入消弧室内,导致开关设备无法正常分断电路。因此,当谐波过大时,常会出现一些无熔体开关跳脱,产生误动作;也很容易出现一些开关中的熔体熔断的现象。

8. 照明设备

谐波会影响白炽灯的寿命,当谐波增加时,灯泡的寿命将缩短。对于荧光灯或水银灯的启辉器,有时会装有电容器,此电容器、启辉器及线路的电抗可能会对某一频率的谐波形成一共振电路,将产生额外的热损,甚至会损坏灯具。

9. 其他

通信设备、电视及音响设备、电脑设备、载波遥控设备等都容易受谐波的干扰而影响其正常的工作或减少其使用寿命。

6.1.4 高次谐波对电动机的危害

高次谐波对电动机的影响主要有以下几方面。

(1)引起电动机附加发热,导致电动机的额外温升。

(2) 高次谐波使变频器输出电压波形失真,输出电压中会叠加由于开关开闭时产生的浪涌电压。该浪涌电压的峰值很高,可对电动机绝缘产生不良影响,甚至会击穿绝缘。

(3) 谐波还会引起电动机转矩脉动,产生振动和噪声。

针对这些影响,下面提出一些防范措施。

1. 防止电动机变频调速后温升提高

普通异步电动机多采用自通风方式,当转速降低时,风速下降,风冷能力降低,会引起电动机过热。此外,由于变频器产生的高次谐波电流使电动机铜损和铁损增加,因此要根据负荷状态和调速范围,采取如下措施。

(1) 最好采用强制通风型电动机。

(2) 选用变频调速专用电动机。

(3) 减小调速范围,避免超低速运行。

2. 防止浪涌电压使电动机绝缘劣化

普通的二电平和三电平 PWM 电压型变频器由于输出电压跳变台阶较大,相电压达到直流母线电压的一半,同时,由于逆变器功率器件开关输出较快,会产生较大的电压变化率,从而产生浪涌电压。浪涌电压会影响电动机的绝缘,尤其当变频器输出与电动机之间电缆距离较长时,由于线路分布电感和分布电容普遍存在,会产生行波反射作用,使电压变化率放大,到电动机端子处可增加一倍以上,使电动机绝缘损坏。

为了减小浪涌电压对电动机绝缘的影响,可采取如下措施。

(1) 电动机与变频器的距离尽量缩短。

(2) 在 PWM 变频器的输出侧接入滤波器以抑制由于电路共振或电磁辐射产生的浪涌电压。

(3) 考虑经济型,可改用 PAM 控制变频器。

(4) 提高电动机的绝缘强度。

(5) 定期检查电动机的绝缘强度,进行早期诊断,防患于未然。

(6) 用压敏电阻防止浪涌电压,如图 6-4 所示。

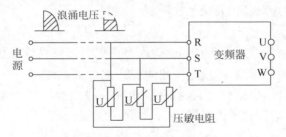

图 6-4　用压敏电阻防止浪涌电压

3. 谐波对电动机产生脉动转矩

普通电流源型变频器的输出电流不是正弦波,而是 $120°$ 的方波,因而三相合成磁动势不是恒速旋转的,而是步进磁动势,它和基本恒速旋转的转子磁动势产生的电磁转矩的不同之处在于除了平均转矩外,还有脉动的分量。虽然转矩脉动的平均值为 0,但它会使转子的转速不均匀,产生脉动,在电动机低速时,还会发生步进现象,在适当的条件下,可能引起电动机与负载组成的机械系统的共振,从而产生振动与噪声。

脉动转矩主要是由基波旋转磁通和转子谐波电流相互作用产生的。在三相电动机中,产生脉动转矩的主要是 $6n \pm 1$ 次谐波。6 脉冲输出的电流型变频器输出电流中含有丰富的 5 次和 7 次谐波,5 次谐波产生的旋转磁动势与基波旋转磁动势反相,7 次谐波产生的旋转磁动势与基波旋转磁动势同相。由于电动机转子的电气旋转速度基本接近基波磁动势的旋转速度，所以 5 次谐波磁动势和 7 次谐波磁动势都会在电动机转子中感应产生 6 倍频（基波频率）的转子谐波电流。基波旋转磁动势和 6 倍频的转子谐波电流共同作用，产生 6 倍频的脉动转矩。同样，11 次和 13 次谐波电流也会产生一个 12 倍频的脉动转矩。

脉动转矩在低速时对电动机转速的影响尤为明显。转速脉动与变频器输出的谐波次数 n 成正比，即低次谐波所引起的转速脉动幅值比高次谐波的影响更大。所以，要使电动机的转速脉动较小，首先要消除或抑制变频器输出的低次谐波，采取高频 PWM 方法，将输出谐波往高频推移，这是减少转速脉动的有效方法。

4. 变频器与电动机的距离

在工业使用现场，变频器与电动机安装的距离大致分为 3 种情况：近距离（20m 以下）、中距离（20～100m）和远距离（100m 以上）。

变频器与电动机间的接线距离较长时，来自电缆的高次谐波漏电流会对变压器和周边设备产生不利影响，因此减少变频器的干扰，需要对变频器的载波频率进行调整。变频器的载波频率与接线距离关系见表 6-1。

表 6-1　变频器的载波频率与接线距离关系

变频器与电动机间的接线距离	20m 以下	20～100m	100m 以上
载波频率	15kHz 以下	10kHz 以下	5kHz 以下

在工程设计中，应把变频器安放在被控电动机的附近。但是，由于生产现场空间的限制，变频器和电动机之间往往要有一定距离。如果变频器与电动机之间为 20m 以内的近距离，可以直接与变频器连接；对于变频器和电动机之间为 20～100m 的中距离连接，需要调整变频器的载波频率来减少谐波及干扰；而对变频器和电动机之间为 100m 以上的远距离连接，不但要适度降低载波频率，还要加装浪涌电压抑制器或输出用交流电抗器。

6.1.5　高次谐波对微机控制板的危害

在控制系统中，多采用微机或者 PLC 进行控制，在系统设计或改造过程中，一定要注意变频器对微机控制板的干扰问题。高次谐波干扰往往会导致控制系统工作异常，因此需要采取必要措施。

（1）良好的接地。电动机等强电控制系统的接地线必须通过接地汇流排可靠接地，微机控制板的屏蔽地最好单独接地。对于某些干扰严重的场合，建议将传感器、I/O 接口屏蔽层与控制板的控制地相连。

（2）给微机控制板输入电源加装电磁干扰（Electromagnetic Interference，EMI）滤波器、共模电感、高频磁环等，可以有效抑制干扰，如图 6-5 所示。另外在辐射干扰严重的场合，如周围存在全球移动通信系统（Global System for Mobile communications，GSM）或者小灵通站时，可以对微机控制板添加金属网状屏蔽罩进行屏蔽处理。

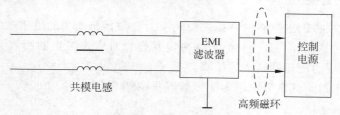

图 6-5　微机控制板的电源抗干扰措施

（3）对模拟传感器检测输入和模拟控制信号进行电气屏蔽和隔离。在采用变频器的控制系统设计过程中,尽量不要采用模拟控制,因为变频器一般都有多段速度设定、开关频率量输入/输出,可以满足要求。如果非要用模拟量控制时,控制电缆必须采用屏蔽电缆,并在传感器侧或变频器侧实现远端一点接地。如果干扰仍旧严重,可以采用标准的 DC/DC 模块,或者采用 U/f 转换及光耦隔离的方法。

6.1.6　抑制谐波干扰实例

例 1　某变频切换控制系统,变频器起动运行正常,而邻近液位计读数偏高,一次表输入 4mA 电流时,液位显示不是下限值;液位未到设定上限值时,液位计却显示上限,致使变频器接收停机指令,迫使变频器停止运行。

答　这显然是变频器的高次谐波干扰液位计,干扰传播途径是液位计的电源回路或信号线。解决办法:将液位计的供电电源取自另一供电变压器,谐波干扰减弱,再将信号线穿入钢管敷设,并与变频器主回路线隔开一定距离,经这样处理后,谐波干扰基本抑制,液位计工作恢复正常。

例 2　某变频控制液位显示系统,液位计与变频器在同一个柜体安装,变频器工作正常,而液位计显示不准且不稳,起初我们怀疑一次表、二次表、信号线及流体介质有问题,所以更换所有这些仪表、信号电缆,并改善流体特性,但故障依然存在,而这故障就是变频器的高次谐波电流通过输出回路电缆向外辐射,传递到信号电缆,引起干扰。

答　解决办法:液位计信号线及其控制线与变频器的控制线及主回路线分开一定距离,且柜体外信号线穿入钢管敷设,外壳良好接地,故障排除。

例 3　某变频控制系统,由两台变频器组成,且在同一柜体内,变频器调频方式均为电位器手调方式。运行某一台变频器时,工作正常;两台同时运行时,频率互相干扰,即调节一台变频器的电位器对另一台变频器的频率有影响,反过来也一样。开始我们认为是电位器及控制线故障,排除这种可能后,断定是谐波干扰引起。

答　解决办法:把其中一只电位器移到其他柜体固定,且引线用屏蔽信号线,结果干扰减弱。为了彻底抑制干扰,重新加工一个电控柜,并与原柜体一定距离放置,把其中的一台变频器移到该电控柜,相应接线及引线作必要的改动,这样处理后,干扰基本消除,故障排除。

6.2　变频器常用电磁选件

变频器的外围设备用来构成更好的调速系统或节能系统,选用外围设备常常是为了防止电磁干扰,提高系统的安全性和可靠性,提高变频器的某种性能,增加对变频器和电动机的保护,减少变频器对其他设备的影响。外围设备又称为选件,这些选件由厂家另外供应。图 6-6 所示是变频器安装时的连接图,下面具体介绍图中各常用选件。

6.2.1　变压器

变压器的作用是将供电电网的高压电源转换为变频器所需要的电压(200V 或 400V)。对于以电压型变频器为负载的变压器来说,在决定其容量时应该考虑的因素为接通变频器时的冲击电流和由此造成的变压器副边的压降。

一般来说,变压器的容量可以选为变频器容量的 1.5 倍左右。在进行变压器容量的具体计算时可以参考式(6-3)。

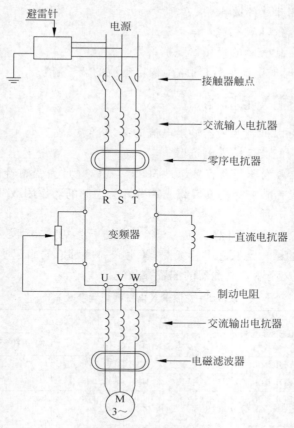

图 6-6　变频器安装时的连接图

$$变压器容量 = \frac{P}{\rho_f \eta} \qquad (6\text{-}3)$$

式中：P——变频器输出功率（被驱动电动机的总容量），kW；

ρ_f——变频器的输入功率因数（无输入电抗器时为 0.6～0.8，有输入电抗器时为 0.8～ 0.85）；

η——变频器效率（在 PWM 控制变频器的场合约为 0.95）。

在初步选择了变压器容量之后，下一步要考虑的问题为接通变频器时变压器副边的电压降问题。

变频器的工作过程是一个"交流—直流—交流"的电源转换过程。在电压型变频器中，为了得到质量较高的直流电压，在其直流中间电路中设有大量的平滑电容。当接通变频器电源时，平滑电容将被充电并在充电过程中流入较大的浪涌电流，而这个浪涌电流又将给变压器副边带来一个短时间的电压降。为了抑制这种现象的影响，通常在变频器内部设有限流电阻，将涌浪电流的峰值限制在额定电流的 2～3 倍。但是，当变压器的容量不够大时，因为上述电压降所占比重相对较大，所以有可能使变频器因供电电压过低（低于额定电压的 15%～25%）而出现跳闸现象。因此，希望在接通变频器时变压器副边的压降能够保持在 10% 以下。

变压器副边的电压降可以通过式(6-4)求得。当求得的电压降超过 10% 时，应重新考虑根据式(6-3)求得的变压器容量。

$$\Delta E_r = X_t\% \frac{nP_i}{P_t} \qquad (6\text{-}4)$$

式中：P_i——变频器合计总容量，kV·A；

　　　P_t——变压器容量，kV·A；

　　　$X_t\%$——以百分比表示的变压器阻抗；

　　　n——接通电源时的电流倍数（通常为额定电流的 2～3 倍）。

6.2.2　交流输入电抗器

交流输入电抗器可以抑制变频器输入电流的高次谐波，改善变频器的功率因数。有下列情况之一时就应考虑选配交流输入电抗器。

（1）变频器所用电源变压器的容量超过 500kV·A，并且为变频器容量的 10 倍以上。

（2）同一电源上接有晶闸管交流负载或带有开关控制的功率因数补偿装置。

（3）电源电压不平衡时。

（4）需要改善输入侧的功率因数，接入交流输入电抗器后功率因数可增加到 0.8～0.85。

交流输入电抗器的结构是铁芯电感线圈，各生产厂家都有与自己变频器相匹配的电抗器产品供选用，表 6-2 是交流输入电抗器的配置参数表。

表 6-2　交流输入电抗器配置参数表

电压	适用变频器/kW	电抗器型号	尺寸参数/mm							质量/kg
			H	L	B	L_0	B_0	端子孔径	安装孔径	
380V 系列	2.2	TDLI-0022	110	120	85	70	65	M4	φ8	3.5
	3.7	TDLI-0037	110	150	105	80	65	M4	φ8	4.5
	5.5 7.5	TDLI-0075	170	170	80	80	65	M6	φ8	6.0
	11 15	TDLI-0150	180	180	140	80	65	M6	φ8	9.0
	18.5 22	TDLI-0220	200	200	150	90	70	M8	φ8	11
	30 37	TDLI-0370	215	100	150	110	85	M8	φ10	15
	45 44	TDLI-0550	210	230	180	110	85	M10	φ10	20
	75	TDLI-0900	270	260	150	180	85	M10	φ10	20

6.2.3　交流输出电抗器

交流输出电抗器的作用是降低电动机噪声，滤除变频器输出端产生的有害谐波。

在利用变频器进行调速控制时，由于高次谐波的影响，电动机产生的磁噪声和金属音噪声将大于采用电网直接驱动的情况。通常电动机的噪声为 70～80dB，接入电抗器可以使噪声降低 5dB 左右。如果希望进一步降低电动机噪声，则应选择低噪声变频器。

当负载电动机的阻抗比标准电动机小时（例如，驱动高频电动机和 8 极电动机时，变频器的容量小于电动机的容量时，以及希望将变频器的起动转矩增加 10%～20% 时等），随着电动机电流的增加，有可能出现由过电流造成的保护电路误动作，变频器进入限流动作以致得不到足够大的转矩，转矩效率降低，电动机过热等情况。在这些情况下，应该选用输出电抗器使变频器的输出平滑，以达到减少高次谐波产生不良影响的目的。表 6-3 是交流输出电抗器的配置参数表。

表 6-3　交流输出电抗器配置参数表

电压	适用变频器/kW	电抗器型号	尺寸参数/mm							质量/kg
			H	L	B	L_0	B_0	端子孔径	安装孔径	
380V 系列	2.2	TDLO-0022	130	170	80	100	70	M4	$\varphi 8$	5.5
	3.7	TDLO-0037	150	180	80	110	70	M4	$\varphi 8$	4.5
	5.5 7.5	TDLO-0075	170	210	120	140	70	M6	$\varphi 8$	10
	11 15	TDLO-0150	210	180	140	150	80	M6	$\varphi 8$	17
	18.5 22	TDLO-0220	230	200	150	150	90	M8	$\varphi 8$	22
	30 37	TDLO-0370	240	100	150	160	90	M8	$\varphi 10$	36
	45 44	TDLO-0550	255	230	180	160	100	M10	$\varphi 10$	40
	75	TDLO-0900	285	260	150	190	110	M10	$\varphi 10$	58

6.2.4　直流电抗器

直流电抗器接在变频器整流环节与逆变环节之间。直流电抗器的主要作用是改善变频器的输入功率因数,防止电源对变频器的影响,保护变频器及抑制高次谐波。同时,直流电抗器还能限制逆变侧短路电流,使逆变系统运行更稳定。在下列情况下应考虑配置直流电抗器。

(1)当给变频器供电的同一电源上有开关无功补偿电容器屏或带有晶闸管调压负载时,因电容器屏开关切换引起的无功瞬变致使电网电压突变或晶闸管调压引起的电网波形缺口,有可能对变频器的输入整流电路造成影响。

(2)当要求变频器输入端的功率因数提高到 0.93 时。

(3)当变频器供电三相电源的不平衡度≥3%时。

(4)当变频器接入到大容量供电变压器上时,变频器输入电源回路流过的电流有可能对整流电路造成损害。一般情况下,当变频器供电电源的容量大于 550kW 时,变频器需要配置直流电抗器。

直流电抗器的结构也是铁芯电感线圈,表 6-4 是直流电抗器的配置参数表,可根据变频器的容量大小选择直流电抗器的规格和型号。

表 6-4　直流电抗器配置参数表

电压	适用变频器/kW	电抗器型号	尺寸参数/mm							质量/kg
			H	L	B	L_0	B_0	端子孔径	安装孔径	
380V 系列	11 15	TDL-0150	120	130	110	80	80	M8	$\varphi 6$	6.0
	18.5 22	TDL-0220	140	140	115	80	90	M8	$\varphi 6$	8.0
	30 37	TDL-0370	210	160	110	60	80	M8	$\varphi 6$	10
	45 55	TDL-0550	210	170	110	60	90	M10	$\varphi 10$	15
	75	TDL-0900	280	180	120	80	90	M10	$\varphi 10$	24

6.2.5　电磁滤波器

电磁滤波器分为输入电磁滤波器和输出电磁滤波器。

（1）输入电磁滤波器连接在电源与变频器之间,其作用是抑制变频器产生的高次谐波通过电源传导到其他设备或抑制外界无线电干扰以及瞬时冲击、浪涌对变频器的干扰。输入电磁滤波器具备线路滤波和辐射滤波双重作用,并具有共模和差模干扰抑制能力。

（2）输出电磁滤波器安装在变频器和电动机之间,可以减小输出电流中的高次谐波成分,抑制变频器输出侧的浪涌电压,减小电动机由高次谐波引起的附加转矩,减小电动机噪声,并抑制高次谐波的辐射。

6.2.6　制动电阻

当电动机制动运行时,储存在电动机中的动能经过 PWM 变频器回馈到直流侧,从而引起滤波电容电压升高;当电容电压超过设定值后,就经制动电阻消耗回馈的能量。小容量通用变频器带有制动电阻,大容量变频器的制动电阻通常由用户根据负载的性质和大小、负载周期等因素进行选配。制动电阻的阻值大小将决定制动电流的大小,制动电阻的功率将影响制动的速度。由于制动电阻的发热量与通电时间成正比,因此在频繁起停的场合选择制动电阻时,其耗散功率应适当加大,安装时制动电阻要与变频器保持一定距离,以利于散热。

6.2.7　电源噪声滤波器

电子设备的供电电源（如 220V/50Hz 交流电网或 115V/400Hz 交流发电机）都存在各式各样的 EMI（电磁干扰）噪声;还有各类稳压电源本身也是一种电磁干扰源。在线性稳压电源中,因整流而形成的单向脉动电流也会引起电磁干扰;开关电源在功率变换时处于开关状态,也将产生很强的 EMI 噪声源,其产生的 EMI 噪声既有很宽的频率范围,又有很高的强度。这些 EMI 噪声,通过辐射和传导耦合的方式,会影响在此环境中运行的各种电子设备的正常工作。对电子设备来说,当 EMI 噪声影响到模拟电路时,会使信号传输的信噪比变坏,严重时会使要传输的信号因被 EMI 噪声淹没而无法进行处理。当 EMI 噪声影响到数字电路时,会引起逻辑关系出错,导致错误的结果。

从电源输入端进入的 EMI 噪声,其一部分会出现在电源的输出端,在电源的负载电路中会产生感应电压,使电路产生误动作或干扰电路中传输的信号。

上述这些 EMI 噪声可以通过在电源设备中接入噪声滤波器加以控制。

1. 在电源设备中采用噪声滤波器的作用

（1）防止外来电磁噪声干扰电源设备本身控制电路的工作。

（2）防止外来电磁噪声干扰电源的负载的工作。

（3）抑制电源设备本身产生的 EMI。

（4）抑制由其他设备产生而经过电源传播的 EMI。

2. 噪声滤波器的基本结构

电源 EMI 噪声滤波器是一种无源低通滤波器,它无衰减地将交流电传输到电源,而大大衰减随交流电传入的 EMI 噪声;同时又能有效地抑制电源设备产生的 EMI 噪声,阻止它们进入交流电网干扰其他电子设备。

电源噪声滤波器的种类很多,单相交流电网噪声滤波器的基本结构如图 6-7 所示。它是由集中参数元件组成的四端无源网络,主要使用的元件是共模电感线圈 L_1、L_2,差模电感线

圈 L_3、L_4，共模电容 C_{Y1}、C_{Y2} 和差模电容器 C_X。若将此滤波器网络放在电源的输入端，则 L_1 与 C_{Y1} 及 L_2 与 C_{Y2} 分别构成交流进线上两对独立端口之间的低通滤波器，可衰减交流进线上存在的共模干扰噪声，阻止它们进入电源设备。共模电感线圈用来衰减交流进线上的共模噪声，其中 L_1 和 L_2 一般是在闭合磁路的铁氧体磁芯上同向卷绕相同匝数，接入电路后在 L_1、L_2 两个线圈内交流电流产生的磁通相互抵消，既不会导致磁芯引起磁通饱和，又可以确保这两个线圈的电感值在共模状态下较大，且保持不变。

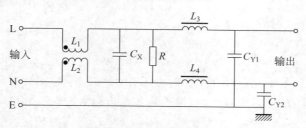

图 6-7 单相交流电网噪声滤波器的基本结构

差模电感线圈 L_3、L_4 与差模电容器 C_X 构成交流进线独立端口间的一个低通滤波器，用来抑制交流进线上的差模干扰噪声，防止电源设备受其干扰。

图 6-7 所示的电源噪声滤波器是无源网络，它具有双向抑制功能。将它插入在交流电网与电源之间，相当于在这二者的 EMI 噪声之间加上一个阻断屏障，起到双向抑制噪声的作用，从而在各种电子设备中获得了广泛应用。

6.3 本章小结

变频器工作时产生的干扰，会干扰周围的设备和供电电源；周围的设备产生的干扰对变频器也会造成干扰。干扰源可能是高次谐波，也可能是无线电波、电磁波等，为了抑制一系列干扰，必须选择一些抗干扰选件，增加变频器控制系统的可靠性。

本章分析了谐波产生的原理及谐波的危害，并重点介绍了一些常用电磁选件的基本原理和作用，而选不选电磁选件和选择什么样的电磁选件要根据具体情况而定。

思考题与习题

1. 高次谐波干扰的路径有哪些？怎样防止谐波干扰？
2. 减小浪涌电压对电动机绝缘的影响，可采取什么措施？
3. 变频器的外围设备（选件）有什么作用？
4. 简述电磁滤波器的种类和作用。
5. 变频器为何要加制动电阻？
6. 简述交流电抗器的作用。
7. 简述直流电抗器的作用。

第 7 章

CHAPTER 7

变频器的安装与故障处理

变频器内部的电力电子元器件在工作时会不断地产生热量,因此对环境温度、湿度有一定的要求。变频器所在的环境温度越高,腐蚀性气体浓度越大,其寿命就越短。安装时要求有良好的通风条件,环境中不能有过多的腐蚀性气体和灰尘。在高海拔地区使用变频器时,变频器中的平波电容器的内外压力不平衡,可能导致电容器爆裂;在不加特殊装置的情况下,一些元件也会误动作。当采用变频器传动异步电动机时,电源侧和电动机侧电路中将同时产生高次谐波。由于高次谐波会引起静电、电磁干扰,因此在变频器的装设上要作各种考虑。

正确安装变频器是合理使用好变频器的基础,变频器各种参数的测量、日常维护及使用时应注意的事项是正确使用变频器的关键。

7.1 变频器的安装

7.1.1 变频器的安装环境

1. 周围温度、湿度

温度是造成电子零件寿命降低和可靠性下降的大敌。环境温度应为 $-10℃\sim+50℃$,变频器内部是大功率的电子元件,极易受到工作温度的影响,但为了保证工作安全、可靠,使用时应考虑留有余地,工作温度最好控制在 $40℃$ 以下。变频器一般应安装在箱体上部,并严格按安装要求安装。绝对不允许把发热元件或易发热元件紧靠变频器的底部安装。当环境温度太高且温度变化大时,变频器的绝缘性会大大降低,此时,变频器要降额使用或采取相应的通风冷却措施。

变频器安装环境的湿度范围以 $40\%\sim90\%$ 为宜,要注意防止水或水蒸气直接进入变频器内,以免引起漏电,甚至打火、击穿。而周围湿度过高,也会使变频器绝缘能力降低,金属部分被腐蚀。必要时,在变频柜箱中增加干燥剂和加热器。

2. 周围气体

作为室内设置,变频器周围不能有腐蚀性、爆炸性或燃烧性气体,应选择粉尘和油雾少的场所。

设置场所如果有爆炸性和燃烧性气体存在,则变频器内产生火花的继电器和接触器,以及高温下使用的电阻器等元件可能会成为发火源,导致着火甚至发展成为火灾或爆炸事故。

腐蚀性气体会使电子零件生锈,从而造成接触不良;在严重腐蚀气体环境中,变频器内部的铜排会因被腐蚀而变黑,这样腐蚀层会脱落,且腐蚀层为导体性质,致使变频器损坏率极高。所以,在新变频器进入生产线前,需要对变频器内部(接线端、接插件、IC 座除外)涂刷绝缘漆三遍,以保证可腐蚀部分同腐蚀性气体隔离。

变频器本身有风扇进行风冷散热,但在灰尘和油雾较多的环境中长时间运行时,变频器内部的元器件及导线会挂满灰尘,这时若环境中再有潮气,变频器内部就易形成短路或误发信号的故障。因此,要对变频器室进行良好的密封且定期对变频器解体进行灰尘清除。

3. 海拔高度

变频器的安装场所一般在海拔 1000m 以下,若海拔超高,则气压降低,容易产生绝缘破损。对于进口变频器,一般绝缘耐压以海拔 1000m 为基准,在 1500m 时降低 5%,在 3000m 时降低 20%。此外,由于海拔越高,冷却效果下降越多,因此必须注意变频器温升。按照日本变频器生产厂家的有关规定,当电流额定时,从 1500m 开始,每超过 100m,允许温升就下降 1%。

4. 振动

安装场所的振动加速度应限制在 $0.5g$(g 表示重力加速度)以内,振动超过允许值时,会使变频器的紧固件松动,继电器、接触器等的触点部件误动作,可能导致不稳定运行。比较安全的方法是对振动场所进行测量,测出振幅与频率,然后按下式求出振动加速度。

$$G = (2\pi f)^2 \cdot \frac{A}{9800} \tag{7-1}$$

式中：G——振动加速度;

　　　f——振动频率,Hz;

　　　A——振动的振幅,mm。

如果在振动加速度 G 超过允许值处安装变频器,应该采取防振措施,比如加装隔振器或采用防振橡胶等。另外,在有振动的场所安装变频器,必须定期进行检查和加固。

7.1.2　变频器安装方向与空间

变频器在运行中会发热,为了保证散热良好,必须将变频器安装在垂直方向。因变频器内部装有冷却风扇以强制风冷,其上下、左右与相邻的物品和挡板(墙)必须保持足够的空间,如图 7-1 所示。

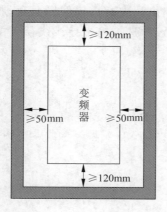
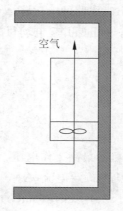

图 7-1　变频器周围的空间

将多台变频器安装在同一装置或控制箱(柜)里时,为了减少相互的热影响,建议横向并列安装。必须上下安装时,为了使下部的热量不影响上部的变频器,应在变频器之间加入一块隔板。箱(柜)体顶部装有引风机的,其引风机的风量必须大于箱(柜)内各变频器出风量的总和;没有安装引风机的,其箱(柜)体顶部应尽量开启,无法开启时,箱(柜)体底部和顶部保留的进、出风口面积必须大于箱(柜)体各变频器端面面积的总和,且进、出风口的风阻应尽量小。若将变频器安装于控制室墙上,则应保持控制室通风良好,不得封闭。多台变频器的安装方法如图 7-2 所示。

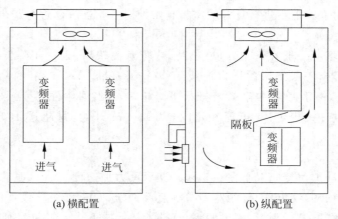

(a) 横配置　　　　　　　　(b) 纵配置

图 7-2　多台变频器的安装方法

由于冷却风扇是易损品,某些 15kW 以下变频器(如森兰 BT40 系列)的风扇是采用温度开关控制的。当变频器内温度大于温度开关设定的温度时,冷却风扇运行;一旦变频器内温度小于温度开关设定的温度时,冷却风扇停止。因此,变频器刚开始运行时,冷却风扇处于停止状态,这是正常现象。

7.1.3　主电路控制开关及导线线径选择

1. 电源控制开关及导线线径的选择

电源控制开关及导线线径的选择与同容量的普通电动机选择方法相同,按变频器的容量选择即可。考虑其输入侧的功率因数较低,应本着宜大不宜小的原则选择线径。

2. 变频器输出线径选择

变频器工作时频率下降,输出电压也下降。在输出电流相等的条件下,若输出导线较长 ($l > 20\mathrm{m}$),低压输出时线路的电压降 ΔU 在输出电压中所占比例将上升,加到电动机上的电压将减小,因此低速时可能引起电动机发热。所以,选择输出导线线径时主要考虑 ΔU 的影响,一般要求为

$$\Delta U \leqslant (2 \sim 3)\% U_{\mathrm{X}} \tag{7-2}$$

ΔU 的计算式为

$$\Delta U = \frac{\sqrt{3} I_{\mathrm{N}} R_0 l}{1000} \tag{7-3}$$

式中:U_{X}——电动机的最高工作电压,V;

$\quad\quad I_{\mathrm{N}}$——电动机的额定电流,A;

$\quad\quad R_0$——单位长度导线电阻,$\mathrm{m\Omega/m}$;

$\quad\quad l$——导线长度,m。

常用铜导线的单位长度电阻值见表 7-1。

表 7-1　铜导线的单位长度电阻值

截面积/mm²	1.0	1.5	2.5	4.0	6.0	10.0	16.0	25.0	35.0
R_0/(mΩ/m)	17.8	11.9	6.92	4.40	2.92	1.74	1.10	0.69	0.49

例 7-1 已知电动机参数：$P_N = 30\text{kW}, U_N = 380\text{V}, I_N = 57.6\text{A}, f_N = 50\text{Hz}, n_N = 1460\text{r/min}$。变频器与电动机之间的距离为 30m，最高工作频率为 40Hz。要求变频器在工作频段范围内线路电压降不超过 2%，请选择导线线径。

解：已知 $U_N = 380\text{V}$，则

$$U_X = 380 \times (40/50)\text{V} = 304\text{V}$$

$$\Delta U = 304 \times 2\%\text{V} = 6.08\text{V}$$

取 $\Delta U = 6.08\text{V}$，将各参数代入式(7-3)中，得

$$6.08 = \frac{\sqrt{3} \times 57.6 \times R_0 \times 30}{1000}$$

解得：$R_0 = 2.03\text{m}\Omega$。查表 7-1，应选截面积为 10.0mm^2 的导线。

若变频器与电动机之间的导线不是很长时，其线径可根据电动机的容量来选取。

3. 控制电路导线线径选择

变频器控制回路的控制信号均为微弱的电压、电流信号，控制回路易受外界强电场或高频杂散电磁波的影响，易受主电路的高次谐波场的辐射及电源侧振动的影响，因此必须对控制回路采取适当的屏蔽措施。

控制电缆的截面积选择必须考虑机械强度、线路压降、费用等因素。建议使用截面积为 1.25mm^2 或 2mm^2 的电缆。当敷设距离短、线路压降在允许值以下时，使用截面积为 0.75mm^2 的电缆较为经济。弱电压电流回路($4\sim20\text{mA}, 1\sim5\text{V}$)的电缆，特别是长距离的控制回路电缆采用绞合线，绞合线的绞合间距最好尽可能地小，并且都使用屏蔽铠装电缆。如果控制电缆确实在某一很小区域与主回路电缆无法分离或分离距离太小，以及即使分离了，但干扰仍然存在，则应对控制电缆进行屏蔽。屏蔽的措施有：将电缆封入接地的金属管内；将电缆置入接地的金属通道内；采用屏蔽电缆。

弱电压电流回路($4\sim20\text{mA}, 1\sim5\text{V}$)有一接地线，该接地线不能作为信号线使用。如果使用屏蔽电缆需使用绝缘电缆，以免屏蔽金属与被接地的通道或金属管接触。若控制电缆的接地设在变频器一侧，则使用专设的接地端子，不与其他接地端子共用。屏蔽电缆的屏蔽层要与电缆芯线一样长。当电缆在端子箱中与线路连接时，需要装设屏蔽端子进行屏蔽连接。

7.1.4　变频器的安装布线

前面介绍了变频器为防电磁干扰而采用电磁选件，这些电磁选件的安装位置是否合理、各连接导线是否屏蔽、接地点是否正确等，都直接影响到变频器对外干扰的大小及自身工作情况，因此合理选择安装位置及布线是变频器安装的重要环节。变频器应用时往往需要一些外围设备与之匹配，如控制计算机、传感器、无线电装置、测量仪表及传输信号线等。为使这些外围设备能正常工作，布线时应采取以下措施。

(1) 当外围设备与变频器共用供电系统时，由于变频器产生的噪声沿电源线传导，可能会使系统中挂接的其他外围设备产生误动作，因此安装时要在输入端安装噪声滤波器，或将其他设备用隔离变压器或电源滤波器进行噪声隔离。

(2) 当外围设备与变频器装入同一控制柜中且布线又很接近变频器时，可采用以下方法抑制变频器干扰：

① 将易受变频器干扰的外围设备及信号线远离变频器安装，信号线使用屏蔽电缆线，屏蔽层接地。也可将信号电缆线套入金属管中，信号线穿越主电源线时确保正交。

② 在变频器的输入、输出侧安装无线电噪声滤波器或线性噪声滤波器(铁氧体共模扼流

圈)。滤波器的安装位置要尽可能靠近电源线的入口处,并且滤波器的电源输入线在控制柜内要尽量短。

③ 变频器到电动机的电缆要采用 4 芯电缆并将电缆套入金属管内,其中一根的两端分别接到电动机外壳和变频器的接地侧。

(3) 当操作台与控制柜不在一处或具有远方控制信号线时,要对导线进行屏蔽,并特别注意各连接环节,以避免干扰信号串入。

(4) 避免信号线与动力线平行布线或捆扎成束布线,易受影响的外围设备应尽量远离变频器安装,易受影响的信号线尽量远离变频器的输入、输出电缆。

7.1.5　变频器在多粉尘现场的安装

在多粉尘(特别是多金属粉尘、絮状物)的场所使用变频器时,采取正确、合理的防尘措施是保证变频器正常工作的必要条件。

1. 安装设计要求

变频器要安装在控制柜中,且最好安装在控制柜的中部或下部。要求垂直安装,其正上方和正下方要避免安装可能阻挡进风、出风的大部件;变频器四周距控制柜顶部、底部、隔板或其他部件的距离不应小于 300mm,如图 7-3 中的 H_1、H_2 所示。

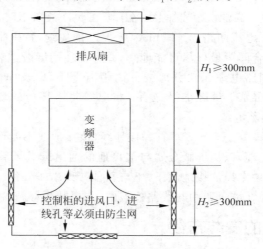

图 7-3　变频器的控制柜防护、通风示意图

2. 控制柜通风、防尘、维护要求

(1) 总体要求:控制柜应密封,使用专门设计的进风和出风口进行通风散热。控制柜顶部应设有出风口、防风网和防护盖;底部应设有底板、进线孔、进风口和防尘网。

(2) 风道要设计合理,使排风通畅,不易产生积尘。

(3) 控制柜内的轴流风机的风口需设防尘网,并在运行时向外抽风。

(4) 对控制柜要定期维护,及时清理内部和外部的粉尘、絮状物等杂物。对于粉尘严重的场所,维护周期在 1 个月左右。图 7-3 所示为变频器控制柜防护、通风示意图。

7.1.6　变频器的接地

由于变频器主电路中的半导体开关器件在工作过程中将进行高速的开关动作,变频器主电路和变频器单元外壳以及控制柜之间的漏电流也相对变大。为了防止操作者触电,必须保证变频器接地端可靠接地。变频器正确接地也是提高控制系统灵敏度、抑制噪声能力的重要手段。变频器接地端子 E(G)接地电阻越小越好,接地导线截面积应不小于 $2mm^2$,长度应控制在 20m 以内。变频器的接地必须与动力设备接地点分开,不能共同接地。信号输入线的屏蔽层应接至 E(G)上,其另一端绝不能接于地端,否则会引起信号变化波动,使系统振荡不止。变频器与控制柜之间应电气连通,如果实际安装有困难,可利用铜芯导线跨接。

进行接地线布线时,还应注意以下事项:

(1)应按照规定的施工要求进行布线。

(2)绝对避免同电焊机、动力机械、变压器等强电设备共用接地电缆或接地板。此外,接地电缆布线上也应与强电设备的接地电缆分开。

(3)尽可能缩短接地电缆的长度。

配线时推荐采用的接地方式如图 7-4 所示。不要采用的接地线方式如图 7-5 所示。

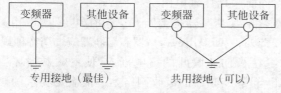

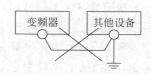

图 7-4 配线时推荐采用的接地方式 　　图 7-5 不要采用的接地线方式

7.1.7 变频器的防尘

在大多数情况下,通用变频器工作时产生的热量,靠自身的风扇强制冷制。空气通过散热通道时,空气中的尘埃容易附着或堆积在变频器内的电子元件上,从而影响散热。当温度超过允许工作点时,会造成跳闸,严重时会缩短变频器的寿命。在变频器内的电子元件与风道无隔离的情况下,由尘埃引起的故障更为普遍。因此,变频器的防尘问题应引起广大用户的重视,下面是几种防尘措施。

(1)设计专门的变频器室。

当使用的变频器功率较大或数量较多时,可以设计专门的变频器室。房间的门窗和电缆穿墙孔要求密封,防止粉尘侵入;要设计空气过滤装置和循环通道,以保持室内空气正常流通;保证室内温度在 40℃ 以下。这样统一管理,有利于检查与维护。

(2)将变频器安装在设有风机和过滤装置的柜子里。

当用户没有条件设立专门的变频器室时,可以考虑制作变频器防尘柜。设计的风机和过滤网要保证柜内有足够的空气流量。用户要定期检查风机,清除过滤网上的灰尘,防止因通风量不足而使温度增高超过规定值。

(3)选用防尘能力较强的变频器。

市场上变频器的规格型号很多,用户在选择时,除了价格和性能外,变频器对环境的适应性也是值得注意的一个因素。从国外进口的一些变频器,如 ACCUTROL200,没有冷却风机,靠其壳体在空气中自然散热。与风冷式变频器相比,尽管体积较大,但器件的密封性能好,不受粉尘影响,维护简单,故障率低,工作寿命长,特别适合于有腐蚀性工业气体和粉尘的场合使用。

(4)减少变频器的空载运行时间。

通用变频器在工业生产过程中,一般都是经常接通电源,通过变频器的“正转/反转/公共端”控制端子(或控制面板上的按键)控制电动机的起动/停止和旋转方向。一些设备可能时开时停,变频器“空载”时风扇仍在运行,吸附了一些粉尘,这是不必要的。生产操作过程中,应尽量减少变频器的“空载”时间,从而减少粉尘对变频器的影响。

（5）建立定期除尘制度。

用户应根据粉尘对变频器的影响情况,确定定期除尘的时间间隔。除尘可采用电动吸尘器或压缩空气吹尘。除尘之后,还要注意检查变频器风机的转动情况,检查电气连接点是否松动发热。

7.1.8　变频器的防雷

主变压器受雷击后,由于一次侧断路器断开,会使变压器二次侧产生极高的浪涌电压。为防止浪涌电压对变频器的破坏,可采取如下措施。

（1）为防止浪涌电压对变频器的破坏,可在变频器的输入端增设压敏电阻,其耐压应低于功率模块的耐压,以保护元器件不被击穿。

（2）选用产生低浪涌电压的断路器,并同时采用压敏电阻。

（3）变压器一次侧断开时,可通过程序控制,使变频器提前断开。同时,也要增设相关的压敏电阻保护,通过励磁储存能量计算电阻值。此外,主回路用的避雷器和熔断器应选用特种规格。

在变频器中,一般都设有雷电吸收网络,主要防止瞬间的雷电侵入,使变频器损坏。在实际工作中,特别是电源线架空引入的情况下,单靠变频器的吸收网络是不能满足要求的。在雷电活跃地区,这一问题尤为重要。如果电源是架空进线,应在进线处装设变频专用避雷器,或按规范要求在离变频器 20m 远处预埋钢管用于接地保护。如果电源是电缆引入,则应做好控制室的防雷系统,以防雷窜入破坏设备。

7.2　变频器的调试

变频器系统的调试方法、步骤和一般的电气设备调试基本相同,应遵循"先空载、继轻载、后重载"的规律。

7.2.1　通电前的检查

变频器系统安装、接线完成后,通电前应进行下列检查。

1. 外观、构造检查

包括检查变频器的型号是否有误、安装环境有无问题、装置有无脱落或破损、电缆直径和种类是否合适、电气连接有无松动、接线有无错误、接地是否可靠等。

2. 绝缘电阻检查

一般在产品出厂时已进行了绝缘性能试验,因而尽量不要用绝缘电阻表测试;万不得已用绝缘电阻表测试时,要按以下要领进行测试,若违反测试要领,接入时会损坏设备。

1）主电路

（1）准备 500V 绝缘电阻表。

（2）全部卸开主电路、控制电路等端子座和外部电路的连接线。

（3）用公共线连接主电路端子 R、S、T、DB、P1、P、N、U、V、W,如图 7-6 所示。

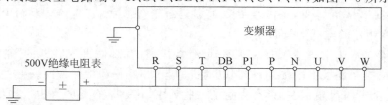

图 7-6　用绝缘电阻表测试主电路的绝缘电阻

（4）用绝缘电阻表测试，仅在主电路公用线和大地（接地端子 PE）之间进行。

（5）绝缘电阻表若指示 5MΩ 以上，就属正常。

2）控制电路

不能用绝缘电阻表对控制电路进行测试，否则会损坏电路的元器件。测试仪器要准备高阻量程万用表。

（1）全部卸开控制电路端子的外部连接。

（2）进行对地之间电路测试，测量值若在 1MΩ 以上，就属正常。

（3）用万用表测试接触器、继电器等的连接是否正确。

7.2.2　通电检查

在断开电动机负载的情况下，对变频器通电，主要进行以下检查。

（1）观察显示情况。各种变频器在通电后，显示屏的显示内容都有一定的变化规律，应对照说明书，观察其通电后的显示过程是否正常。

（2）观察风机。变频器内部都有风机排出内部的热空气，可用手在风的出口处试探风机的风量，并注意倾听风机的声音是否正常。

（3）测量进线电压。测量三相进线电压是否正常，若不正常应查出原因，确保供电电源的正确。

（4）进行功能预置。根据生产机械的具体要求，对照产品说明书，进行变频器内部各功能的设置。

（5）观察显示内容。变频器的显示内容可以切换显示，通过操作面板上的操作按钮进行显示内容切换，观察显示的输出频率、电压、电流、负载率等是否正常。

7.2.3　空载试验

将变频器的输出端与电动机相接，电动机不带负载，主要测试以下项目。

（1）测试电动机的运转。对照说明书在操作面板上进行一些简单的操作，如起动、升速、降速、停止、点动等。观察电动机的旋转方向是否与所要求的一致，若不一致，则更正。观察控制电路工作是否正常。通过逐渐升高运行频率，观察电动机在运行过程中是否运转灵活，有无噪声，以及运转时有无振动现象，是否平稳等。

（2）电动机参数的自动检测。对于需要应用矢量控制功能的变频器，应根据说明书的指导，在电动机的空转状态下测定电动机的参数。有的新型系列变频器也可以在静止状态下进行自动检测。

7.2.4　负载试验

变频调速系统的负载试验是将电动机与负载连接起来进行试验。负载试验主要测试的内容如下：

1. 低速运行试验

低速运行是指该生产机械所要求的最低转速。电动机应在该转速下运行 1～2h（视电动机的容量而定，容量大者时间应长一些）。主要测试的项目如下：

（1）生产机械的运转是否正常。

（2）电动机在满负荷运行时的温升是否超过额定值。

2．全速起动试验

将给定频率设定在最大值，按"起动"按钮，使电动机的转速从零一直上升至生产机械所要求的最大转速，测试以下内容：

（1）起动是否顺利。电动机的转速是否从一开始就随频率的上升而上升。如果在频率很低时，电动机不能很快旋转起来，说明起动困难，应适当增大 U/f 比或起动频率。

（2）起动电流是否过大。将显示内容切换至电流显示，观察在起动全过程中的电流变化。如果因电流过大而跳闸，应适当延长升速时间；如果机械对起动时间并无要求，则最好将起动电流限制在电动机的额定电流以内。

（3）观察整个起动过程是否平稳，即观察是否在某一频率时有较大的振动。如果有，则将运行频率固定在发生振动的频率以下，以确定是否发生机械谐振或是否有预置回避频率的必要。

（4）停机状态下是否旋转。对于风机，还应注意观察在停机状态下，风叶是否因自然风而反转。如果有反转现象，则应预置起动前的直流制动功能。

3．全速停机试验

在全速停机试验过程中，注意观察以下内容：

（1）直流电压是否过高。把显示内容切换至直流电压显示，观察在整个降速过程中，直流电压的变化情形。如果因电压过高而跳闸，应适当延长降速时间。如果降速时间不宜延长，则应考虑加入直流制动功能，或接入制动电阻和制动单元。

（2）拖动系统能否停住。当频率降至 0Hz 时，观察机械是否有"蠕动"现象，并了解该机械是否允许蠕动。如果需要制止蠕动，则应考虑预置直流制动功能。

4．高速运行试验

把频率升高至与生产机械所要求的最高转速相对应的值，运行 1～2h，并观察以下内容：

（1）电动机的负载能力。当电动机负载高速运行时，注意观察当变频器的工作频率超过额定频率时，电动机能否带动该转速下的额定负载。

（2）机械运转是否平稳。主要观察生产机械在高速运行时是否有振动。

7.3　变频器的常见故障及处理

即使是最新一代的变频器，由于长期使用以及温度、湿度、振动、粉尘等环境的影响，其性能都会有一些变化。如果使用合理、维护得当，则能延长使用寿命，并且能减少因突发故障造成的生产损失。日常检查时，不取下变频器外盖，从外部目检变频器的运行，确认有没有异常情况。通常要检查以下几个内容：运行性能是否符合标准规范；周围环境是否符合说明书要求；键盘面板显示是否正常；有没有异常的噪声、振动和异味；有没有过热或变色等异常情况。

对变频器进行定期检查时，须在停止运行后，切断电源，打开机壳后运行。但必须注意，变频器即使切断了电源，主电路直流部分滤波电容器放电也需要时间，须待充电指示灯熄灭后，用万用表等确认直流电压已降到安全电压（DC 25V 以下），然后再进行检查。

7.3.1　变频器的定期维护和保养

1．低压小型变频器的维护和保养

低压小型变频器指的是工作在低压电网 380V（220V）上的小功率变频器。这类变频器多

以垂直壁挂形式安装在控制柜中,其定期维护和保养主要包括:

(1) 定期检查除尘。变频器工作时,由于风扇吹风散热及工作时元器件的静电吸附作用,很容易在变频器内部及通风口积尘,特别是工作现场多粉尘及絮状物的情况下,积尘会更加严重。积尘可造成变频器散热不良,使内部温度增加,降低变频器的使用寿命或引起过热跳闸。视积尘情况,可定期进行除尘工作。除尘时,应先切断电源,待变频器的储能电容充分放电后打开机盖,用毛刷或压缩空气对积尘进行清理。此外,操作要格外小心,不要碰触机芯的元器件及微型开关、接插件端子等,以免除尘后变频器不能正常工作。

(2) 定期检查变频器的外围电路和设施。主要包括检查制动电阻、电抗器、继电器、接触器等是否正常;连接导线有无松动;柜中风扇工作是否正常;风道是否畅通;各引线有无破损、松动。

(3) 定期检查电路的主要参数。变频器的一些主要参数是否在规定的范围内,是变频器安全运行的标志。例如,主电路和控制电路电压是否正常;滤波电容是否漏液及容量是否下降等。此外,变频器的主要参数大多通过面板显示,因此面板显示清楚与否,有无缺少字符也应为检查的内容。

(4) 根据维护信息判断元器件的寿命。变频器主电路的滤波电容随着使用时间的增长,其容量逐渐下降。当滤波电容的容量下降到初始容量的 85% 时,则需更换。通风风扇也有使用寿命,当使用时间超过 $(3\sim4)\times10^4$ h 时,也需更换。在高档变频器中,面板显示器可显示主电路电容器的容量和风扇的寿命,以提示及时更换。控制电路的电解电容器无法测量和显示,要按照累计工作时间乘以由变频器内部温升决定的寿命系数来推断其寿命。累计工作时间以小时(h)为单位,一般最低定为 6×10^4 h。

2. 高压柜式变频器的定期维护与保养

高压变频器指的是工作电压在 6kV 以上的变频器。此类变频器一般均为柜式,其定期维护与保养除了参照以上低压变频器的维护与保养条款之外,还有以下内容:

(1) 对接线排的检查。仔细检查各端子排有无老化松脱;是否存在短路的隐患故障;各连接线是否牢固,线皮有无破损;各电路板接线插头是否牢固;进、出主电源线连接是否可靠,连接处有无发热、氧化等现象。

(2) 对主电路整流、逆变部分定期检查。对整流、逆变部分的二极管、GTO(IGBT)等大功率器件进行电气检测。用万用表测定其正、反向电阻,并在事先制定好的表格上做好记录。定期查看同一型号的器件一致性是否良好,与初始记录是否相同。如果个别器件偏离较大,应及时更换。

(3) 母线排的定期维护。打开变频器的前门板和后门板,仔细检查交直流母线排有无变形、腐蚀、氧化;母线排连接处螺钉有无松动;各安装固定点处紧固螺钉有无松动;固定用绝缘片和绝缘柱有无老化、开裂或变形。如果以上检查发现问题,应及时处理。

此外,如果有条件,可对滤波后的直流波形、逆变输出波形及输入电源谐波成分进行测定。

7.3.2　变频器常见故障诊断

变频器控制系统常见的故障类型主要有过电流、短路、接地、欠电压、过电压、电源缺相、变频器内部过热、变频器过载、电动机过载、电动机运行异常等。当发生这些故障时,变频器保护会立即动作停机,并显示故障代码或故障类型,大多数情况下可以根据显示的故障代码迅速找到故障原因并排除故障。但也有一些故障的原因是多方面的,并不是由单一原因引起的,因此需要从多个方面查找,逐一排除才能找到故障点。例如过电流故障是最常见、最易发生,也是最复杂的故障之一,引起过电流的原因往往需要从多个方面分析查找,才能找到故障的根源,只有这样才能真正排除故障。

下面以富士通用变频器为例,简述故障诊断过程,对于其他品牌变频器的故障诊断流程也是一样的,只是故障代码有区别而已。

1. 过电流故障

出现过电流时会在面板上显示字符:OC1(加速时过电流)、OC2(减速时过电流)、OC3(恒速时过电流)。

跳闸原因:过电流或主回路功率模块过热。

故障诊断:可能是短路、接地、过负载、负载突变、加/减速时间设定太短、转矩提升量设定不合理、变频器内部故障或谐波干扰大等。

2. 欠电压故障

出现欠电压时会在面板上显示字符:LU。

跳闸原因:交流电源欠电压、缺相、瞬时停电。

故障诊断:电源电压偏低、电源断相、在同一电源系统中有大起动电流的负载起动、变频器内部故障等。

3. 过电压故障

出现过电压时会在面板上显示字符:OU1(加速时过电压)、OU2(减速时过电压)、OU3(恒速时过电压)。

跳闸原因:直流母线产生过电压。

故障诊断:电源电压过高、制动力矩不足、中间回路直流电压过高、加/减速时间设定太短、电动机突然甩负载、负载惯性大、载波频率设定不合适等。

4. 变频器过热故障

出现过热故障时会在面板上显示字符:OH。

跳闸原因:散热器过热。

故障诊断:负载过大、环境温度高、散热片吸附灰尘太多、冷却风扇工作不正常或散热片堵塞、变频器内部故障等。

5. 变频器过载、电动机过载故障

出现变频器过载、电动机过载故障时会在面板上显示字符:OLU、OL1(电动机 1 过载)、OL2(电动机 2 过载)。

跳闸原因:负载过大、保护设定值不正确。

故障诊断:负载过大或变频器容量过小、电子热继电器保护设定值太小、变频器内部故障等。

6. 电动机运行不正常

(1)电动机不能起动。

主回路检查:电源电压检测,充电指示灯是否亮,LCD 是否显示报警画面,电动机和变频器的连接是否正确。

功能设定检查:是否输入起动信号和 FWD、REV 信号,是否已设定频率或上限频率过低。

负荷检查:负荷是否太大或机械被堵转。

(2)电动机不能调速。

可能由于频率上、下限设定值不正确,或者程序运行时定时设定值过长。当最高频率设定过低也会产生不能调频率的故障。

（3）电动机加速过程中失速。

可能是加速设定时间过短或负载过大转矩提升不够引起的。

（4）电动机异常发热。

要检查负载是否过大，是否连续低速运行，设定的转矩提升是否合适，三相电压是否平衡。

7.3.3　变频器的事故处理

变频器在运行时出现跳闸，即视为事故。跳闸事故的处理有以下几种方法：

1. 电源故障处理

如果电源瞬时断电或电压低落出现"欠电压"显示，瞬时过电压出现"过电压"显示，则会引起变频器跳闸停机。待电源恢复正常后即可重新起动。

2. 外部故障处理

如果输入信号断路，输出线路开路、断相、短路、接地或绝缘电阻很低，电动机故障或过载等，变频器即显示"外部"故障而跳闸停机，经排除故障后，即可重新起动。

3. 内部故障处理

如果内部风扇断路或过热、熔断器断路、元器件过热、存储器错误、CPU故障等，可切换至工频运行，不致影响生产；待内部故障排除后，即可恢复变频运行。

变频装置一旦发生内部故障，如果在保修期内，可通知厂家或厂家代理负责保修。根据故障显示的类别和数据进行下列检查：

（1）打开机箱后，首先观察内部是否有断线、烧焦、虚焊或变质变形的元器件，如果有，则及时处理。

（2）用万用表检测电阻的阻值和二极管、开关管及模块通断电阻，判断是否开断或击穿。如果有，则按原额定值和耐压值更换，或用同类型的元器件代替。

（3）用双踪示波器检测各工作点波形，采用逐级排除法判断故障位置和元器件。

在检查中应注意以下问题：

（1）严防虚焊、虚连，或错焊、连焊，或者接错线，特别是不要把电源线误接到输出端。

（2）通电静态检查指示灯、数码管和显示屏是否正常，以及预置数据是否适当。

（3）有条件者，可用一台电动机进行模拟动态试验。

（4）带负载试验。

4. 功能参数设置不当的处理

当参数预置后，空载试验正常，加载后出现"过电流"跳闸，可能是起动转矩设置不够或加速时间不足；也有的运行一段时间后，转动惯量减少，导致减速时"过电压"跳闸，修改功能参数，适当增大加速时间便可解决。

下面列举一些生产过程中故障排除的实例。

例7-2　通电后各种显示正常，但无电压输出。

分析检修：先查交流电源主回路通道是否完好无损，然后核对控制回路，检查接线有无错误。考虑到面板显示正常，说明变频器本身无故障，可能是由于某一控制信号丢失，或不能正常工作。进一步检查外部控制回路，发现FWD（正转）端与CM（公共）端之间串联的接触器常开辅助触点未接通，使变频器不能正常起动。换了另一对触点后，故障排除。

例7-3　通电后键盘面板无显示。

分析检修：无显示应查电源是否正常。拆下主板，通电后测量+5V、±15V及+24V电源均正常,而控制信号无响应,估计 CPU 不工作或损坏的可能性很大。测 IC1 的 CPU 脚 21,RST2 为低电平,表示 CPU 复位,即 CPU 未工作。追踪 RST2 信号是由运放 IC10 的 14 脚经 R135 后输出,测量 IC10 输入端为高电平,正常,并且电阻 R135 完好。判断 IC10 损坏,更换后显示恢复正常。

例 7-4　减压时间设置太短,造成功率模块损坏。

分析检修: 有一小功率变频器,应用时没有安装制动电阻,变频器在停机过程中显示 "OU"(过电压),没有引起注意,几个月后变频器显示 "OC"(过电流),不能起动,经检查,发现功率模块损坏。变频器修复后查看原来设置的参数,加速时间为 4s,减速时间为 0.4s。由于减速时间设置太短,电动机的反馈电能较大,因为无制动电阻消耗其反馈电能,致使功率模块两端电压升高,长期频繁过压,最终造成功率模块过压损坏。重新将减速时间设置为 4s,减速时间延长,反馈电压下降,变频器工作正常。

例 7-5　金属粉末进入电动机接线孔,造成过流跳闸。

分析检修: 某工厂一台金属切割机,由一台 2.2kW 变频器驱动电动机工作。某天运行中变频器突然跳闸停车,显示 "OC"(过电流)。维修人员现场查看发现,大量金属切削粉末通过接线孔顺着线槽进入电动机绕组中,又由于天长日久电动机线圈绝缘老化,故造成线间短路。更换新电动机后,故障排除。

例 7-6　保护电流设置过大,长时间过载工作烧坏电动机。

分析检修: 某造纸厂用 30kW 变频器拖动一台打浆机。变频器单独安装在控制室,电动机安装在地面以下 2m 处,周围高温潮湿,除留有一检修口外,电动机无通风设备。企业反映曾多次烧坏过电动机。经检查发现,打浆机工作中工人需将废纸不断地投入到打浆机罐内,由于投纸量超出了正常范围,导致打浆机严重过载。现场测试,电动机在 35Hz 频率下工作时,电流有时可达到 97A,明显负载过重。查出原因后,修改变频器的保护动作电流,提高保护灵敏度,当电流稍一过载变频器就跳闸保护,以此限制了废纸的投入量,电动机不再烧毁。

例 7-7　电动机陈旧、绝缘老化,变频器运行时经常过流跳闸。

分析检修: 某水泥厂用 250kW 电动机拖动鼓风机,后经技术改造,由一台 250kW 变频器对电动机进行驱动,运行 2 个月后常出现过流跳闸现象。维修人员在现场检查发现,电动机为 1982 年产品,绝缘老化,虽然在工频电源上能正常工作,但在变频供电时,由于变频器输出电压为 SPWM 波,其高频成分加剧了匝间绝缘程度下降,使瞬态电流值超过 "OC" 允许值而产生不定期跳闸。用户更新电动机后,至今运转正常。

7.4　本章小结

变频器安装时最重要的是考虑散热和防干扰。如果变频器产生的热量不能及时散掉,就会引起变频器过热而跳闸,所以安装时对环境有很明确的要求。如果环境不符合要求,就要考虑加排风设备。为了防止干扰,还要安装防雷、防尘等装置。另外,变频器安装布线时也应采取一些措施,如信号线不能和主电源线绑扎在一起等。变频器在运行前,要进行各种调试和测试试验。

变频器在运行过程中,要定期维护和保养。本章阐述了一些维护和保养方法,并对常见的故障作了简单分析。

思考题与习题

1. 变频器的安装环境应该注意哪些问题？
2. 变频器的常见故障有哪些？
3. 变频器为什么要垂直安装？
4. 变频器的防尘有哪些措施？
5. 变频器的调试有哪些？
6. 变频器的日常巡视内容有哪些？
7. 变频器的常见故障有哪些？
8. 富士通用变频器过电流故障和过电压故障面板上分别显示什么？诊断分析跳闸原因。
9. 变频器的事故有哪几种处理方法？

第 8 章

变频器的应用举例

8.1 变频器在恒压供水中的应用

8.1.1 恒压供水的概述

用户用水的多少是经常变动的,因此供水不足或供水过剩的情况时有发生。而用水和供水之间的不平衡集中反映在供水的压力上,即用水多而供水少,则压力低;用水少而供水多,则压力大。保持供水压力的恒定,可使供水和用水之间保持平衡,即用水多时供水也多,用水少时供水也少,从而提高了供水的质量。

恒压供水是指在供水网中用水量发生变化时,出口压力保持不变的供水方式。供水网系的出口压力值是根据用户需求确定的。传统的恒压供水方式是采用水塔、高位水箱、气压罐等设施实现的。随着变频调速技术的日益成熟和广泛应用,利用内部包含 PID 调节器、PLC、单片机等器件有机结合的供水专业变频器,构成控制系统,调节水泵的输出流量,实现恒压供水。图 8-1 为变频恒压供水系统结构图。

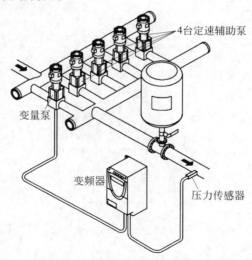

图 8-1 变频恒压供水系统结构图

8.1.2 变频恒压供水的控制原理

根据反馈控制的原理,要想维持一个物理量不变或基本不变,就应该将这个物理量与恒值比较,形成闭环系统。因此,要想保持水压的恒定,就需要通过检测管网的压力,经 PID 调节器运算后,调节变频器的输出功率,实现管网的恒压供水。PID调节器可以是变频器内置的,也可以是外加的智能PID调节器。变频器设定的上限频率一般对应供水管网极限压力,通过系统中的变频器调节水泵的工作频率,从而调整水泵的转速。供水系统通过变频器对水泵的起动和停止台数及其中水泵转速的调节,将管网中的水压稳定在预先设定的压力值,即水泵提升的水量与用户管网不断变化的用水量保持一致,达到恒压供水的目的。实践证明,使用变频恒压供水系统可以使水泵机组的平均转速降为额定转速的80%,从而降低能耗,节能率可以达到20%~40%。

一般地说,当由一台变频器控制一台电动机时,只需使变频器的配用电动机容量与实际电动机容量相符即可。当一台变频器同时控制两台电动机时,原则上变频器的配用电动机容量应等于两台电动机的容量之和。如果在高峰负载时的用水量比两台水泵全速供水量相差很多时,可考虑适当减小变频器的容量,但应注意留有足够的容量。

虽然水泵在低速运行时,电动机的工作电流较小。但是,当用户的用水量变化频繁时,电动机将处于频繁的升、降速状态,而升、降速的电流可能略超过电动机的额定电流,导致电动机过热。因此,电动机的热保护是必需的。对于这种由于频繁升、降速而积累起来的温升,变频器内的电子热保护功能是难以起到保护作用的,所以应采用热继电器来进行电动机的热保护。

在主要功能预置方面,应以电动机的额定频率为变频器的最高工作频率。在采用PID调节器的情况下,升、降速时间应尽量设定得短一些,以免影响PID调节器动态响应过程。如果变频器本身具有PID调节功能,只要在预置时设定PID功能有效,则所设定的升速和降速时间将自动失效。

变频恒压供水系统一般都具有以下控制功能:

(1) 具有自动、手动两种操作方式,不使用控制柜或控制柜出现故障时,可用手动操作使水泵直接在工频下运行。

(2) 水泵的起动、停止由PLC控制,具备全循环软起动功能。

(3) 工作泵发生故障后自动切换至备用泵。

(4) 控制水泵(包括备用泵)周期性自动切换使用,以期水泵寿命基本一致。

(5) 为了适应小流量情况下(如夜间)的使用,供水系统中一般还设有一台小泵或气压罐,系统能自动切换并控制,即具有"休眠"功能。

(6) 地下贮水池缺水后停泵保护,有故障显示功能。

(7) 具有自动用工频起动消防泵的功能,或者能自动变频以适应消防供水要求。

(8) 具有缺相、漏电、过载和瞬时断电保护等电气保护功能。

8.1.3　恒压供水的变频应用方式

目前恒压供水系统应用的电动机调速装置均采用交流变频技术,而系统的控制装置采用PLC。PLC的作用:可实现泵组、阀门的逻辑控制,可完成系统的数字PID调节功能,可对系统中的各种运行参数、控制点实时监控,并完成系统运行工况的CRT画面显示、故障报警及打印报表等功能。恒压供水系统的原理图如图8-2所示。恒压供水系统具有标准的通信接口,可与城市供水系统的上位机联网,实现城区供水系统的优化控制,为城市供水系统提供了现代化的调度、管理、监控及经济运行的手段。

变频器提供3种不同的工作方式供用户选择。

方式1:基本工作方式。变频器始终固定驱动一台泵并实时根据其输出功率来控制其他辅助泵的起动和停止。当变频器的输出功率达到最大功率时,起动一台辅助泵使其以工频运

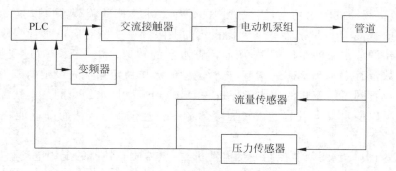

图 8-2　恒压供水系统原理图

行；当变频器的输出功率达到最小功率时，则停止最后起动的辅助泵。可根据这种方式控制增减工频运行的辅助泵的台数。

方式 2：直接方式。当起动信号输入时，变频器起动第一台泵；当该泵达到最高频率时，变频器将该泵切换到工频运行，变频器起动下一台泵使其以变频运行；当泵停止条件成立时，先停止最先起动的泵。

方式 3：交替方式。变频器通常固定驱动某台泵，并实时根据其输出频率使辅助泵工频运行。方式 3 与方式 1 的不同之处在于若前一次泵起动的顺序是泵 1→泵 2，当变频器输出停止时，下一次起动顺序变为泵 2→泵 1。

8.1.4　变频恒压供水的特点

（1）节电。水泵的负载转矩与转速的平方成正比。当电动机以恒定转速运行，靠开关阀门来调节流量时，不仅会浪费电能，而且会产生"憋泵"现象。变频器采用了电容滤波，相当于在电动机与电网之间加入了一级容性隔离，使整个系统的功率因数大大提高，从而节约电能。

（2）节约用水。采用变频器进行恒压供水，管道保持恒压，根据实际用水情况设定管网压力，可以有效除低管网跑水现象、冒水现象、滴水现象、漏水现象，从而达到节约用水的目的。

（3）控制灵活。分段供水，定时供水，手动选择工作方式。

（4）起动平滑。减少电动机水泵的冲击，延长了电动机及水泵的使用寿命，避免了传统供水中的水锤现象。

（5）联网功能。采用全中文工控组态软件，实时监控各个站点，例如电动机的电压、电流、工作频率、管网压力及流量等。此外，能累计每个站点的用电量和每台泵的出水量，同时提供各种形式的打印报表，以便分析统计。

（6）运行可靠。由变频器实现泵的软起动，使水泵实现由工频到变频的无冲击切换，防止管网冲击，避免管网压力超限，管道破裂。

（7）自我保护功能完善。例如某台泵出现故障，则会主动向上位机发出报警信息，同时起动备用泵，以维持供水平衡。万一自控系统出现故障，用户可以直接操作手动系统，以保证供水。

8.1.5　变频恒压供水设备的系统组成

变频器是整个变频恒压供水系统的核心部分，其系统组成框图如图 8-3 所示。图中，水泵（M3～）是输出环节，转速由变频器控制，实现变流量恒压控制。变频器接收 PID 控制器的信号对水泵进行速度控制，压力传感器检测管网出水压力，把信号传给 PID 控制器，通过 PID 控制器调节变频器的频率来控制水泵的转速，实现了闭环控制。如果变频器本身具有 PID 调节功能，可以不选用外置 PID 控制器。

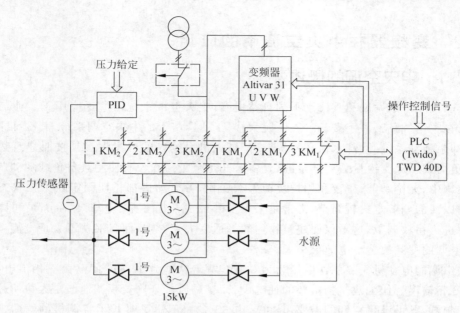

图 8-3 变频恒压供水设备的系统组成框图

8.1.6 Altivar31 变频供水的参数设置

下面以 Altivar31 变频器为例说明恒压供水的参数设置。

1. 控制工艺要求

使用 3 台水泵给居民小区恒压供水。高峰期用水时,1 号泵变频起动,当频率＞50Hz 时,停止变频,延时 5s 后,1 号泵投工频,同时 2 号泵变频起动,当频率＞50Hz 时,停止变频,延时 5s 后,2 号泵投工频,与此同时,3 号泵变频起动,当频率＞50Hz 时,变频器切 2 段速度(10Hz)运行(此时为中峰期用水),当频率＜10Hz 时,停 3 台泵,延时 3 号泵投工频,同时 1 号泵变频起动。

2. 功能设置步骤

(1) tcc 参数为"2C"——两线控制方式。

(2) ACC 参数为"15"——变频器从 0Hz 上升到最大值需 15s。

(3) L13 参数为"PS2"——L13 为二段速度控制。

(4) R2 参数为"FTA"——输出频率为设定频率的＋2Hz 以内时,开路式集电极输出。

(5) DEC 参数为"4.5"——变频器从最大值下降至 0Hz 需 4.5s。

(6) PS2 参数为"10"——设定变频器的第二段速度为 10Hz。

(7) AOT 参数为"0"——模拟量输出的最小值。

(8) OPL 参数为"N0"——电动机缺相不检测。

8.1.7 变频器的应用场合

(1) 各类工业需要恒压控制的用水、冷却水循环、热力网水循环和锅炉补水等。

(2) 高层建筑、城乡居民小区和企业单位等生活用水。

(3) 自来水厂增压系统。

(4) 中央空调系统。

(5) 各种流体恒压控制系统。

(6) 农田灌溉、污水处理和人造喷泉等。

8.2　变频器在中央空调中的应用

8.2.1　中央空调的概述

随着国民经济的发展和人民水平的日益提高,中央空调系统已广泛应用于工业与民用建筑领域。在宾馆、酒店、写字楼、商场、医院大楼、工业厂房等的中央空调系统,其冷冻主机拖动系统、冷却泵拖动系统、冷却水循环系统、冷却塔风机系统等的容量大多是按照建筑物最大制冷、制热负荷或新风交换量需要选定的,且留有充足余量。在没有使用具备负载随动调节特性的控制系统中,无论季节、昼夜和用户负荷怎么变化,各电动机都长期固定在工频状态下全速运行。而以往的调节方式较简单,常常是采用多开或少开循环泵、冷却泵、冷冻泵和调节管网阀开启度进行粗放调节,这不仅使建筑物内的舒适度大受影响,而且浪费了大量电能。由此可知,中央空调的变频改造节电效果极大。

中央空调的电动机一般工作电压为为 380V,额定功率为 15~55kW,由三相供电,也可单相输入、三相输出。作为建筑物重要的耗电设备,空调风机采用变频调速已是大势所趋。采用变转矩变频器,既可满足空调的需要,且可节电 30%~60%,又延长了空调机的寿命。再加上温湿度传感器和微机闭环控制,成为现代化的空调室。而小型空调器数量大,应用面广,以往多为单相电动机驱动,故效率低,又笨重。后来采用微型三相电动机,与相同功率单相电动机相比,体积和重量可减小 30%~50%。

8.2.2　中央空调的系统构成

中央空调的应用越来越广泛,而使用变频器构成的空调系统由于功能丰富、操作简便、能耗小、成本低,越来越受到用户的关注。集中制冷、集中通风,以及压力/温度双变量控制使以变频器为核心的控制系统发挥出特殊的优越性。中央空调的系统框图如图 8-4 所示。

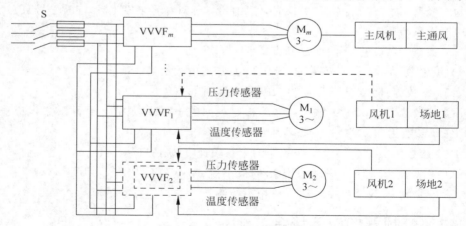

图 8-4　中央空调的系统框图

中央空调主要由制冷机、冷却水循环系统、冷冻水循环系统、风机盘管系统、散热水塔、冷却风机、温度传感器等组成。

8.2.3　中央空调的工作原理

制冷机通过压缩机将制冷剂压缩成液态后送蒸发器中与冷冻水进行热交换,将冷冻水制冷,冷冻泵将冷冻水送到风机盘管中,由风机吹送冷风达到降温的目的。经蒸发后的制冷剂在冷凝器中释放出热量,与冷却循环水进行热交换,由冷却泵将带来热量的冷却泵到冷却水塔上由水塔风扇对其进行喷淋冷却,与大气之间进行热交换,将热量散发到大气中去。中央空调的工作原理图如图 8-5 所示。

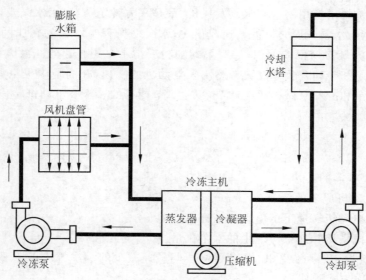

图 8-5　中央空调工作原理图

现对中央空调系统组成说明如下:

1)冷冻主机

冷冻主机也称为制冷装置,是中央空调的"制冷源",通往各个房间的循环水由冷冻主机进行"内部热交换",降温为"冷冻水"。

2)冷冻水循环系统

由冷冻泵及冷冻水管道组成。从冷冻主机流出的冷冻水由冷冻泵加压送入冷冻水管道,通过各房间的盘管,带走房间内的热量,使房间内的温度下降。同时,房间内的热量被冷冻水吸收,使冷冻水的温度升高。温度升高了的冷冻水经冷冻主机后又成为冷冻水,如此循环往复。这里,冷冻主机是冷冻水的"源";从冷冻主机流出的水称为"出水";经各楼层房间后流回冷冻主机的水称为"回水"。

3)冷却水循环系统

由冷却泵、冷却水管道及冷却塔组成。冷却水在吸收冷冻主机释放的热量后,必将使自身的温度升高。冷却泵将升了温的冷却水压入冷却塔,使之在冷却塔中与大气进行热交换,然后再将降了温的冷却水,送回到冷冻机组。如此不断循环,带走了冷冻主机释放的热量。

这里,冷冻主机是冷却水的冷却对象,是"负载",故流进冷冻主机的冷却水称为"进水";从冷冻主机流回冷却塔的冷却水称为"回水"。"回水"的温度高于"进水"的温度,以形成温差。

4)冷却风机

有两种不同用途的冷却风机:

(1)盘管风机。安装于所有需要降温的房间内,用于将由冷冻水盘管冷却了的冷空气吹入房间,加速房间内的热交换。

(2)冷却塔风机。用于降低冷却塔中的水温,加速将"回水"带回的热量散发到大气中去。

可以看出,中央空调系统的工作过程是一个不断地进行热交换的能量转换过程。在这里,冷冻水循环系统和冷却水循环系统是能量的主要传递者。因此,对冷冻水循环系统和冷却水循环系统的控制便是中央空调控制系统的重要组成部分,二者的控制方法基本相同。

8.2.4　中央空调的节能运行

中央空调系统大量使用的这些水泵及风机,都是平方转矩负载,由水泵及风机的工作原理可知,水泵的流量与水泵(电动机)的转速成正比,水泵的扬程与水泵的转速的平方成正比,水泵的轴功率等于流量与扬程的乘积,故水泵的轴功率与水泵的转速的三次方成正比。即:变频器能根据冷冻泵和冷却泵负载变化调整水泵电动机的转速,在满足中央空调系统正常工作的情况下使冷冻泵和冷却泵做出相应调节,以达到节能目的。水泵电动机转速下降,电动机从电网吸收的电能就会大大减少。

$$\text{减少的功耗}\qquad \Delta P = P_0[1-(N_1/N_0)^3] \qquad\qquad (8\text{-}1)$$

$$\text{减少的流量}\qquad \Delta Q = Q_0[1-(N_1/N_0)] \qquad\qquad (8\text{-}2)$$

式中:N_1——变频器的转速;

$\quad\ N_0$——电动机原来的转速;

$\quad\ P_0$——原电动机转速下的电动机消耗功率;

$\quad\ Q_0$——原电动机转速下所产生的水泵流量。

由式(8-1)和式(8-2)可以看出,流量的减少与转速减少的一次方成正比,但功耗的减少却与转速减少的三次方成正比。

例如:假设原流量为 100 个单位,耗能也为 100 个单位,如果转速降低 10 个单位,由式(8-2)可得

$$\Delta Q = Q_0[1-(N_1/N_0)] = 100\times[1-(90/100)] = 10$$

流量改变了 10 个单位。功耗由式(8-1)可得

$$\Delta P = P_0[1-(N_1/N_0)^3] = 100\times[1-(90/100)^3] = 27.1$$

功率将减少 27.1 个单位,即比原来减少 27.1%。

因此,空调设备中循环水的冷却泵和冷冻泵均按设计工况的最大制冷量来考虑的。绝大多数的时间在低负荷情况下工作。使用变频器进行驱动,大约有 30%~50% 的节电功效。由于变频器是软起动方式,采用变频器控制电动机后,电动机在起动时及运转过程中均无冲击电流,而冲击电流是影响接触器、电动机使用寿命最主要、最直接的因素,同时采用变频器控制电动机后还可避免水锤现象,因此可大大延长电动机、接触器及机械散件、轴承、阀门、管道的使用寿命。

节能运行的实施方法如下:

(1) 按回水的温度,自动调节频率的控制方法。

(2) 按出水压力控制,回水温度控制自动调节频率的双闭环方法。

(3) 针对一天中的不同时间和四季制定运行规律图,进行不同频率值控制方法。

(4) 按进水与出水温差自动调节频率的控制方法。

8.2.5　中央空调变频控制的模式

在该系统中,冷冻泵、冷却泵、水塔风扇变频器采用开环控制,由维护人员根据季节不同和负荷的变化进行调节;风机采用温度闭环控制,可根据温度传感器的反馈值,调节风机的转速,从而使被控环境温度基本保持恒定。

1. 冷冻水泵系统的闭环控制

1) 制冷模式下冷冻水泵系统的闭环控制

该模式在保证最末端设备冷冻水流量供给的情况下,确定一个冷冻泵变频器工作的最小

工作频率,将其设定为下限频率并锁定。冷冻水泵变频控制的频率调节实现方法:通过安装在冷冻水循环系统回水主管上的温度传感器检测冷冻水回水温度,再经由温度控制器设定的温度来控制变频器的频率增减。控制方式:当冷冻回水温度大于设定温度时,频率无级上调。

2) 制热模式下冷冻水泵系统的闭环控制

该模式是在中央空调中热泵运行(即制热)时冷冻水泵系统的控制方案。同制冷模式控制方案一样,在保证最末端设备冷冻水流量供给的情况下,确定一个冷冻泵变频器工作的最小工作频率,将其设定为下限频率并锁定,变频冷冻水泵的频率调节是通过安装在冷冻水系统回水主管上的温度传感器检测冷冻水回水温度,再经由温度控制器设定的温度来控制变频器的频率增减。不同的是:当冷冻回水温度小于设定温度时,频率无级上调;当温度传感检测到的冷冻水回水温越高,变频器的输出频率越低。

采用变频器都具有以上功能,通过安装在冷冻水系统回水主管上的温度传感器来检测冷冻水的回水温度,并可直接通过设定变频器参数使系统温度调控在需要的范围内。另外,变频器还能增加首次起动全速运行功能,通过设定变频器参数可使冷冻水系统充分交换一段时间,然后再根据冷冻回水温度对频率进行无级调速,并且变频器输出频率是通过检测回水温度信号及温度设定值经 PID 运算而得出的。

2. 冷却水泵系统的闭环控制

目前,对冷却水泵系统进行改造的方案最为常见,节电效果也较为显著。该方案同样在保证冷却塔有一定的冷却水流出的情况下,通过控制变频器的输出频率来调节冷却水流量。当中央空调冷却水出水温度低时,减少冷却水流量;当中央空调冷却水出水温度高时,加大冷却水流量。从而在保证中央空调机组正常工作的前提下达到节能增效的目的。

现有的控制方式大都先确定一个冷却泵变频器工作的最小工作频率,将其设定为下限频率并锁定,变频冷却水泵的频率由冷却管进、出水温度差和出水温度信号来调节的。当进、出水温差大于设定值时,频率无级上调;当进、出水温差小于设定值时,频率无级下调;同时,当冷却水出水温度高于设定值时,频率优先无级上调;当冷却水出水温度低于设定值时,按温差变化来调节频率。进、出水温差越大,变频器的输出频率越高;进、出水温差越小,变频器的输出频率越低。

8.2.6　综合效益预测

使用变频器控制空调可以达到以下效果:

(1) 节能效果显著。不同时段下,房间空调的运行方式有所不同。当房间温度降低至接近目标温度时,利用变频器控制压缩机使其转速下降,能有效降低空调的能耗,即实现了节能的效果。常规空调与变频空调的对比如表 8-1 所示。

表 8-1　常规空调与变频空调的对比

用途	运行时间	常规空调				变频空调	
		冷　气		暖　气		冷　气	暖　气
		能力/(kJ/h)	输入/kW	能力/(kJ/h)	输入/kW	输入/kW	输入/kW
商场	9:00—18:00	29 800	3.15	32 300	3.25	2.93	3.12
起居室	18:00—22:00	2100	2.3	23 100	2.39	1.82	2.18

(2) 消除 50Hz/60Hz 地区的影响。由于变频器控制的空调在原理上是先将交流变为直流再产生交流,所以与 50Hz 和 60Hz 的地区差无关,始终具有最大能力。

（3）起动电流减小。由于使用变频器控制的空调在起动压缩机时，会选择较低的电压及频率来抑制起动电流，并获得所需的起动转矩，所以可防止预定导通电流的增加。

（4）舒适性改善。与通常的热泵空调相比，装上变频器后，在室外气温下降、负载增加时压缩机转速上升，能提高暖气效果。

（5）压缩机起动/停止损耗减少。由于使用变频器控制的空调可用变频来对应轻负载，所以可减少压缩机起动/停止次数，使制冷电路的制冷剂压力变化引起的损耗减少。

8.3 变频器在电梯中的应用

8.3.1 概述

电梯是一个复杂的、机电结合的、为高层建筑提供运输服务的特种设备。随着城市建设的不断发展，高层建筑不断增多，电梯在国民经济和生活中需求不断增长，人们对电梯的要求也越来越高。例如：运行平稳性、外观完美性、安全性及环保节能性等。

变频器在电梯行业的应用基本上可分为两大类：一类是高档载客高速电梯，采用电梯专用变频器和专用变频电动机组成的驱动系统，这类电梯性能优越，但整个电梯造价昂贵，难以广泛应用；另一类是普通电梯，采用通用变频器和普通电动机组成的驱动系统，这类电梯造价适宜，尤其适用于对已有牵引电动机驱动系统的老电梯进行技术改造，应用前景十分广阔。

我国习惯上将电梯按速度分为 4 大类：低速梯、中速梯、高速梯和超高速梯。其中，低速梯为速度低于 1.009m/s 的电梯；中速梯为速度在 1～2m/s 的电梯；高速梯为速度在 2～5m/s 的电梯；超高速梯为速度超过 5m/s 的电梯。此外，电梯还可按电动机分类分为以下 2 大类：

（1）异步电梯：异步电梯（感应电梯）的工作原理是通过定子的旋转磁场在转子中产生感应电流，产生电磁转矩，转子中并不直接产生磁场。因此，转子的速度一定是小于同步转速（旋转磁场的转速）的，故称异步电动机，也叫感应电动机。

优点：结构简单，制造方便，价格便宜，运行方便。

缺点：功率因数滞后，轻载功率因数低，调速性能稍差。

（2）同步电梯：同步电动机转子本身产生固定方向的磁场（用永磁铁或直流电流产生），定子旋转磁场"拖着"转子磁场（转子）转动，因此转子的转速一定等于同步转速，故称同步电动机。

优点：同步电动机结构简单、体积小、重量轻、损耗小、效率高。与异步电动机相比，它由于不需要无功励磁电流，因而效率高，功率因数高，力矩惯量比大，定子电流和定子电阻损耗减小，且转子参数可测、控制性能好。能够实现高精度、高动态性能大范围的调速或定位控制。

缺点：成本高。

电梯运行性能的好坏，在很大程度上取决于电梯拖动调速系统的优劣。早期的电梯以直流拖动为唯一的电力拖动方式。20 世纪 70 年代的主流技术是采用交流双速电梯，通过改变牵引电动机磁极对数来实现调速，但调速不平衡，舒适感不理想。20 世纪 80 年代盛行交流调压调速电梯，其性能优于交流双速电梯。近些年，由于变频调速的节能性及较高的可靠性，以及变频器的性价比的提高，使交流变频调速在电梯行业得到了广泛应用。电梯行业应用的变频器的选用原则：主要从系统的安全性、舒适性和经济性三方面考虑。安全性要求有完善的硬件及其保护功能，使可靠性提高；舒适性要求低速时有较大转矩，转矩波动小，低噪声；经济性要求程序控制功能完善，不需再附加外部设备，变频器系统应包括商用电源切换的部件。

目前在电梯行业使用的变频器品种较多，其控制系统的结构也不尽相同，但总的控制思想却大同小异。安川 VS-616G5 通用变频器是世界上最早的矢量控制变频器之一,其调速范围达到 1:1000,控制精度达到 0.02%,零速起动力矩可以达到 150%。尤其是它独特的全领域、全自动力矩提升功能在电梯拖动中能获得良好的舒适感和稳定性。安川 VS-616G5 可以接受控制器(如 PLC)的多段速频率指令或者模拟电压、电流指令;可以通过"自学习"功能测得电动机的各种参数并进行存储,以适应各种电动机并获得良好的矢量控制特性;低速下平稳起动性好;硬件可靠性与性价比高。下面以安川 VS-616G5 通用变频器为例,说明变频器在电梯中的应用。

8.3.2 安川 VS-616G5 通用变频器电梯调速系统

安川 VS-616G5 通用变频器可直接控制交流异步电动机的电流,使电动机保持较高的输出转矩;它适用于各种应用场合,可在低速下实现平稳起动并且极其精确地运行,其自动调整功能可使各种电动机达到高性能的控制。VS-616G5 将 U/f 控制、矢量控制、闭环 U/f 控制、闭环矢量控制 4 种控制方式融为一体,其中闭环矢量控制是最适合电梯控制要求的。

1. 变频器的配置及容量选择

VS-616G5 变频器用在电梯调速系统中时,必须配 PG 卡及旋转编码器,以供电动机测速及反馈。旋转编码器与电动机同轴连接,对电动机进行测速。旋转编码器输出 A、B 两相脉冲,当 A 相脉冲超前 B 相脉冲 90°时,可认为电动机处于正转状态;当 A 相脉冲滞后于 B 相脉动 90°时,可认为电动机处于反转状态。旋转编码器根据 A、B 脉冲的相序判断电动机转动的方向,并根据 A、B 脉冲的频率(或周期)测得电动机的转速。旋转编码器将此脉冲输出给 PG 卡,PG 卡再将此反馈信号送给 VS-616G5 内部,以便进行运算调节。A、B 两相脉冲波形如图 8-6 所示。

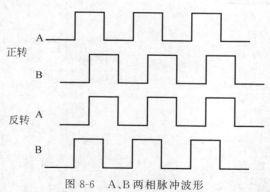

图 8-6 A、B 两相脉冲波形

VS-616G5 用在电梯调速系统中时,还必须配置制动电阻。当电梯减速运行时,电动机处于再生发电状态,向变频器回馈电能。这时同步转速下降,交-直-交变频器的直流部分电压升高,制动电阻的作用就是消耗回馈电能,抑制直流电压升高。

除 PG 卡和制动电阻外,VS-616G5 还需配置 600 脉冲旋转编码器和电梯运行曲线输入板(可选配)。其容量可选 1:1 配置,即电动机容量和变频器容量相等。最好采用高一级的功率选配,即 11kW 电动机选 15kW 的变频器、15kW 电动机选 18kW 的变频器。

2. 电梯变频器调速系统的构成

变频器控制的电梯系统中,变频器只完成调速功能,而逻辑控制部分是由 PLC 或计算机来完成的。PLC 负责处理各种信号的逻辑关系,从而向变频器发出起动、停止等信号,同时变频器也将本身的工作状态信号送给 PLC,形成双向联络关系。变频器通过与电动机同轴连接的旋转编码器和另配置的 PG 卡,完成速度检测及反馈,形成闭环系统。电梯变频器调速系统构成如图 8-7 所示。

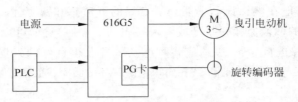

图 8-7　电梯变频器调速系统构成

3．系统电路原理

电梯的一次完整的运行过程,就是曳引电动机从起动、匀速运行到减速停车的过程。当正转(或反转)及高速信号有效时,电动机从 0～50Hz 开始起动,起动时间在 3s 左右,然后维持 50Hz 的速度一直运行,完成起动及运行段的工作。当换速信号到来后,PLC 撤消高速信号,同时输出爬行信号。此时爬行的输出频率为 6Hz(也可用 4Hz)。从 50Hz 到 6Hz 的减速过程在 3s 内完成,当达到 6Hz 后,就以此速度爬行。当平层信号到来时,PLC 撤消正转(或反转)信号及爬行信号,此时电动机从 6Hz 减速到 0Hz。正常情况,在整个起动、运行及减速爬行段内,变频器的零速输出点及异常输出点一直是闭合的,减至 0Hz 之后,零速输出点断开,通过 PLC 抱闸及自动开门。系统电路原理图如图 8-8 所示。

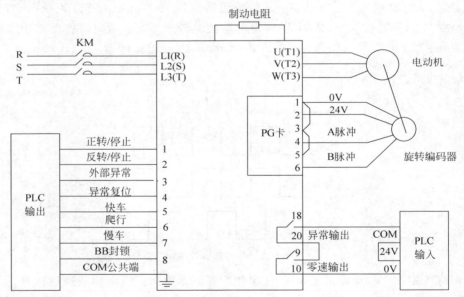

图 8-8　系统电路原理图

在现场调试中,应使爬行段尽可能短,并要求在各种负载下都以大于零为标准来调整减速起始点。电梯的运行曲线图如图 8-9 所示。

如果配置运行曲线输入板,则将此板的模拟输出量送给变频器的频率指令模拟量输入端口,这样整个运行速度就完全以曲线板的输出为理想曲线,自适应调速运行。其优点是无爬行段,电梯可直接停靠。

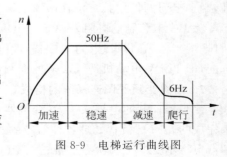

图 8-9　电梯运行曲线图

4. 616G5 参数设置

A1-01＝4	//存取级别为 ADVANCED
A1-02＝3	//带 PG 卡的矢量控制
BI-01＝0	//主速来自 D1-01
C1-01＝3s	//加速时间 3s
C2-02＝3s	//减速时间 3s
C2-01＝0.8s	//加速开始时的 S 曲线特性时间
C2-02＝0.8s	//加速完成时的 S 曲线特性时间
C2-03＝0.8s	//减速开始时的 S 曲线特性时间
C2-04＝0.8s	//减速完成时的 S 曲线特性时间
C5-01＝5	//速度环比例,舒适感不好时在 5～40 间调整
C5-02＝1s	//速度环积分,舒适感不好时在 0.5～5s 间调整
D1-02＝50Hz	//快车速度
D1-03＝6Hz	//爬行速度
D1-09＝10Hz	//慢车速度
E1-01＝380V	//输入电压
E1-04＝50Hz	//最高输出频率
E1-05＝380V	//最大电压输出
E2-01＝24.4A	//电动机额定电流(按电动机铭牌输入)
E2-04＝6	//电极极数(按电动机铭牌输入)
H2-01＝37	//多功能输出 2:端子 26 功能选择
H3-05＝1F	//多功能模拟量输入:端子 16 功能选择
L3-04＝0	//失速防止无效
L6-01＝4	//过转矩检出动作选择
L6-03＝4s	//过转矩检出时间 1
L6-04＝4	//过转矩检出动作选择 2
L6-05＝200	//过转矩检出标准 2
L6-06＝2s	//过转矩检出时间 2
L8-01＝1	//制动电阻过热
L8-05＝1	//输入缺相
L8-07＝1	//输出缺相
F1-01＝600	//PG 卡脉冲数
F1-05＝1/0	//编码器方向错时更改

8.3.3 变频器功率及制动电阻的选择

1. 功率选择

电梯应用中可根据功率的大小选择 7.5kW、11kW、18.5kW、22kW、30kW 等各种规格的 616G5 型变频器,其中 15kW 以下内置制动单元,18.5kW 以上内置直流电抗器。通常变频器在电梯应用中还需要选用制动单元与制动电阻,配置 PG 卡获得编码器的速度反馈信号,在长期发动机运行及其他特殊场所还需要配置交流电抗器。变频器一般按照电动机的功率放大一级选择,为了获得变频器理想的控制性能,变频器功率应当满足以下几点:

(1) 变频器容量必须大于负载所要求的输出,即

$$P_{ON} \geqslant \frac{KP_M}{\eta\cos\varphi}$$

(2) 变频器电流应大于电动机电流,即

$$I_{ON} \geqslant KI_N$$

(3) 变频器容量不能低于电动机的容量,即

$$P_{ON} \geqslant K\sqrt{3}U_N I_N \times 10^3$$

(4) 起动时变频器容量应满足

$$P_{ON} \geqslant \frac{Kn_N}{9550\eta\cos\varphi}\left(T_L + \frac{GD^2}{375} \times \frac{n_N}{t_A}\right)$$

以上各式中:P_{ON}——变频器额定输出功率,kW;

$\quad\quad\quad I_{ON}$——变频器额定电流,A;

$\quad\quad\quad t_A$——加速时间,s;

$\quad\quad\quad GD^2$——电动机轴端换算(以上各量可根据负载要求确定);

$\quad\quad\quad K$——电流波形补偿系数(PWM 控制方式时取 1.05～1.10);

$\quad\quad\quad I_N$——电动机额定电流,A;

$\quad\quad\quad U_N$——电动机额定电压,V;

$\quad\quad\quad n_N$——电动机额定转速,r/min;

$\quad\quad\quad T_L$——负载转矩,N·m;

$\quad\quad\quad \eta$——电动机效率(通常取 0.85);

$\quad\quad\quad \cos\varphi$——电动机功率因数(通常取 0.75);

$\quad\quad\quad P_M$——负载所要求的电动机轴输出功率,kW。

2. 制动电阻的选择

制动电阻的选择非常重要,制动电阻选择过大则制动力矩不足,制动电阻选择过小则电流过大、电阻发热等问题难以解决。对于提升高度较大、电动机转速较高的情况,可以适当减少电阻的阻值以得到较高的制动力矩(推荐的阻值一般按照 120%制动力矩选择),但电阻阻值不能低于制造商(厂家)规定的最低值,如果最小值不能满足制动力矩,则需要更换大一级功率的变频器。

8.3.4 变频器用在电梯中的功能

变频器功能参数较多,有关电梯应用的功能参数为几十个,用户只需要调整几个参数(如输入输出定义、频率设定和电动机参数等)即可将变频器投入电梯运行。

1. S 曲线加、减速

在起动和减速完成时,为了减少机械振动,提高舒适性,需要使用 S 曲线起动功能,设定时间只能应用在起动和加、减速完成时,允许设定的范围为 0～100s。

2. 标准操作顺序

(1) 保持零速指令的同时,在运行信号输入之后,制动信号闭合;

(2) 在频率上升开始,制动信号断开;

(3) 控制信号断开后,使速度指令为高速;

(4) 通过减速行程开关使速度为标准速度;

(5) 通过停止行程开关使速度为零;

（6）实际速度为零后使制动和运行信号断开。

3．减速时失速防止

减速状态下，制动电阻可将电动机在发电状况下反馈给变频器的能量予以吸收，所以必须将变频器的减速时失速防止功能设为无效。如果设定减速时失速防止功能有效，则可能会导致变频器无法在设定的减速时间内停下。

4．制动电阻过热保护

当制动电阻被频繁使用时，可外加电子热继电器来防止制动电阻出现过热情况，这项功能需设定相应的顺序操作电路。

5．转矩限制功能

可将转矩限制设定值设为电动机额定转矩输出的参考值。

6．瞬停再起动功能

电梯这类负载在瞬间停电的状态下，不可使用瞬间停电再起动功能及自动复位功能。设定变频器参数时，要将这两项参数设为无效。

7．互锁功能

电梯作垂直运行时，电动机一定要与外部机械抱闸装置配合使用，确保变频器停止输出时，箱体不会出现下坠。要求接至外部机械制动装置，实现开/关安全互锁功能。安装时要特别注意变频器与机械制动的衔接一定要准确无误。

8．通信功能

变频器内部具有世界通用的 Modbus RTU 模式 RS485 通信端口，可通过扩展的通信适配卡与各种通信接口联机；可接入应用总线技术的电梯控制系统，电动机的运行信息就可以和智能化大厦所有自动化信息系统联网，实现智能大厦的群控管理。

9．丰富的保护功能

除了原有变频器的保护功能外，还具有一些电梯适用的保护功能，例如过速保护，电梯在运行至最端站时，如果速度超过了正常运行时的速度，变频器会自动保护，并且使电梯运行至平层。

10．4 种电梯专用运行方式

（1）减速点控制方式。在此控制方式下，变频器可以根据用户设定的两条速度曲线控制电梯高度运行，还可以根据当时的输入信号和电梯的位置自动减速至平层位置，大大提高了电梯的运行效率。

（2）复位运行。电梯在运行过程中突然失电时，变频器内楼层数据丢失，变频器会控制电梯到最端站进行复位运行，由此获得楼层数据。

（3）楼层距离学习方式。在此运行方式下，变频器在运行过程中自动学习每一楼层的距离。

（4）检修方式。进行电梯检修时的运行方式。

8.3.5 变频器在电梯系统中的预防措施

1．降低电动机磁性噪声

使用变频器驱动时，PWM 控制可导致电动机电流波动，从而产生磁性噪声，这种噪声可能对电梯里的乘客以及楼宇内的住户造成不适。除了针对电动机的补救措施外，在变频器输出上要安装过滤装置。近来已开发出无噪声变频器，这种变频器采用高速开关元件，开关的频率高于人们耳朵接收的频率。

2. 降低高频噪声

当建筑物内配有高级的电气设备(如办公自动化装置和计算机)时,在其中安装电梯时,降低高频噪声是非常重要的事情。因为高频噪声会造成设备和装置失灵,所以在使用电梯时,务必在电源输入端安装噪声过滤装置或者零相扼流圈,以降低高频噪声。

3. 再生制动过程与谐波电流控制

由于电梯操作的一般模式是再生操作模式,如何处理再生能源是非常重要的。再生能源存储在直流(DC)平衡电容器内,然后变频器 DC 汇流使电压升高,过压保护开始生效。这种再生能量可被制动电阻消耗掉。对于速度为 120m/min 或更快的高速电梯来说,动能较大,机械效能良好,因此要求有电能再生功能,同时也因为变频器产生谐波,指示灯会闪烁不定,为控制谐波电流对电源的影响,通常在输出端加上一个交流(AC)扼流圈。

8.3.6 常见问题分析

这里仅列出部分变频器在电梯应用中出现的一些故障以及解决方法。

1. 电动机过热

长期低速高力矩运行;没有进行自学习而设定的参数差异太大;检修运行或者爬行运行没有在零速抱闸(检修运行最好使用点动运行,而不是多段速运行有较长的减速时间)。

2. 变频器过热

检查变频器风扇是否损坏;机房温度是否过高;输出电流是否异常。

3. 电动机完全失控

检查运行时变频器是否在驱动状态(最好通过变频器输出 RUN 状态与控制进行联锁控制,保证变频器在参数设置等状态时电梯不会运行);控制器的运行指令与频率给定是否异常。

4. 输入了运行信号,电动机仍不转

变频器只有在驱动(运行指示灯亮)状态才能运行;必须设定为端子控制方式;变频器需要方向指令与频率指令。

5. 电动机旋转方向相反

交换变频器到电动机的三相驱动线中的任意两相交换后,根据情况可能还需要交换编码器 AB 方向。

6. 上下行减速异常

检查电动机功率、电流、级数设置、输入电压是否缺相。

7. 下行正常,上行时减速不正常

制动电阻阻值过大,会造成制动力不足,上行再生制动时制动电流不足;观察空载电梯上升时电阻有无放电声判断制动单元是否工作。

8. 下行正常,上行运行较远时(如 15m 以上)电梯出现过电压保护

检查制动电阻阻值和功率,满足制造商推荐的电阻值,减小制动电阻值。选型时最好将电梯速度、载重、提升高度等参数提供给制造商,以便制造商配置时计算制动力矩大小。

9. 起动与停止振动

方向指令、频率指令、抱闸控制的时间配合是否与制造商推荐值相差太远;编码器必须安装正常;电动机轴承与减速箱是否老化。

10. 高速运行振动

编码器安装必须正常;导靴安装是否太紧。

11. 电流不大,但是漏电保护断路器容易动作

变频工作有漏电流产生,普通的漏电保护开关不能使用,需要使用专用型或者漏电检出值较高的断路器。

12. 加速完成与减速开始有冲击感

检查加、减速参数是否正常设置。

13. 变频器干扰工频电源

安装交流电抗器可以有效抑制高次谐波;减少载波频率也可减小高次谐波。

8.4　变频器在造纸设备中的应用

8.4.1　概述

造纸工业是我国的基础工业之一。随着人们生活水平的提高,整个社会对纸制品的质量和产量要求也在不断提高,而造纸机传动系统的好坏直接影响到纸的质量和产量,所以造纸机传动装备是各企业十分关注的问题。

旧的造纸机传动系统多采用单台普通异步电动机通过皮带、齿轮及离合器带动各传动辊轴,以机械有级调速的方式变速驱动,机械结构复杂,运行不可靠,维护工作量大。而现在多数造纸企业采用多台直流电动机带动各传动辊轴的传动方式,可做到无级调速,但仍存在如下缺点:

(1) 直流电动机维修困难多、要求高,修理费用也高。

(2) 直流调速控制系统复杂,调试困难。

(3) 整流子磨损严重,烧毁整流子的故障,导致停机时间长。

(4) 测速发电机易磨损,造成传动系统精度低。

随着交流变频控制系统及通信技术的发展,造纸机采用变频传动已开始应用。其优点是成本低廉、操作简单、维护方便、故障率低、传动平稳、节省电能等;并且易于构成现代化的造纸机系统,采用上位机、PLC等自动化设备,完成造纸机的监控、运行及生产管理。

8.4.2　造纸机传动系统的构成

造纸机传动系统主要由制浆、网部、压榨、干燥、压光、卷曲等几部分组成。其工艺流程如图 8-10 所示。

图 8-10　造纸工艺流程图

工艺流程各步骤的作用如下:

(1) 制浆:将原材料通过打或磨的方式,再配制成悬浮状浆体。

(2) 网部:通过机械方式对纸浆脱水,使之成为具有一定强度的湿页纸,其过程能耗占总能耗的 $35\% \sim 75\%$。

(3) 压榨:通过机械方式进一步脱水,消除纸上的网痕,提高纸的强度和紧度。

(4) 干燥:通过烘干的方式脱水,增加纸的平滑度并完成施胶。

(5) 压光:进一步提高纸的平滑度、紧度和光滑度,并使纸张全幅厚薄均匀。

(6) 卷曲:将纸幅卷成纸卷,对纸进行储藏或进一步加工。

由造纸的工艺流程可以看出造纸工艺是一个连续生产的过程,其传动系统是由多传动点组成的速度链式协调系统。其控制系统的特点如下：

（1）平稳地拖动造纸机运行。

（2）具有加/减速、点动和爬行运行功能。

（3）各传动点之间应保持一定的传动比，使各传动辊线速度保持一致。

（4）具有将获取的信息进行处理、显示、监控和生成数据报表等功能。

8.4.3　造纸中的变频控制

1. 张力控制

由于造纸生产线的产品又薄又弱，为防止破断，应有高精度的延展，进行高精度的速度控制。各部分之间采用张力控制，使造纸生产线分别按纵横方向所定的伸展率进行延展。对卷取机设置了调节辊、负载测量装置等位置或张力传感器，实行张力控制以提高张力精度。进行这些控制的变频器采用矢量控制变频器。张力控制采用张力检测器的反馈控制，其控制原理图如图 8-11 所示。

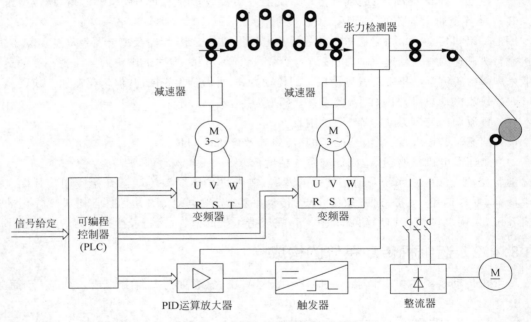

图 8-11　造纸中的变频控制原理图

2. 供水的变频控制

造纸机是个耗水"大户"，包括白水系统、污水系统、密封水系统、喷淋系统和清水系统等。通常情况下需要用到管网恒压力供水，但传统的控压都是通过旁路和调节阀来进行的，存在浪费水能的弊端；变频器的应用将可以节水 10% 和节能 20%。在水系统上应用变频器通常有两种模式，即变频循环方式和变频固定方式。

1）变频循环方式

变频器按照一定顺序轮流驱动各泵运行。变频器能根据压力闭环控制要求自动确定运行泵台数（在设定范围内），同一时刻只能有一台泵由变频驱动。当变频器驱动的泵运行到设定的上限频率而需要增加泵时，变频器将该泵切换到工频运行，同时驱动另一台泵变频运行。

2）变频固定方式

变频器变频输出固定控制一台泵而其余各泵由工频电网直接供电，它们的起动、停止信号由 PLC 进行逻辑控制。

3. 通风系统的变频应用

在烘干部,纸页中蒸发出来的所有水汽被空气吸收后,必须通过强制通风不断地从造纸车间排出。烘干部通风良好与否,直接影响到纸页中水分的蒸发速度和整个烘干过程的经济性。通风良好,可降低空气中的蒸汽饱和度,从而减低烘缸蒸汽的消耗量,提高烘干速度。

排除烘干部蒸发水量所必需的空气量,与进入以及排出的空气温度和湿度有关,也与采用的通风系统、气候条件和季节有关。通常,在现代纸机中采用强制的空气循环以求高效,用进气鼓风机将加热到 80℃ 左右的干燥空气送进烘干部下层,使在烘缸之间吸附热汽形成向上的气流,然后通过排气抽风机将汇集在气罩中的湿热空气抽出室外(最后回收余热)。在高速造纸机中,由于烘缸数量的增多,通常都分成几段的鼓风机和排风机组。采用变频器之后,可以根据通风空气量的专家计算公式,随时调节进气量(鼓风机的转速)和排气量(排风机的转速),而无须采用传统的风门控制,进一步降低能耗,降低风机的噪声,提高机械寿命。

4. 压缩空气系统的变频应用

压缩空气常用于造纸机网部与压榨部的气动加压升降装置、网毯的校正装置、气垫式流浆箱、引纸设备、涂布气刀以及各种气动仪表和调节装置等。

在压缩空气系统中,主要设备有空气压缩机、储气罐、减压阀、空气过滤器、汽水分离器及安全阀等。在大多数纸厂中,都通过 2 台以上的空压机并列运行,然后通过储气罐来保持压力恒定。

由于压缩机功率较大且控制压力一般都通过加载或卸载调节,电动机始终处于全速运行状态。实践表明,该控制方式耗能巨大且浪费严重。所以,目前都已趋向采用一台变频多台工频的方式来控制压缩机组,并组成压力闭环。

5. 供浆系统的变频器应用

供浆系统必须满足下列 5 个条件:

(1) 向造纸机输送的浆料要稳定,误差不能超过 ±5%。

(2) 浆料的配比和浓度要稳定均匀。

(3) 储备一定的浆料量,使供浆能力可以调节,以适应造纸机速度和品种的改变。

(4) 对浆料进行净化精选。

(5) 处理造纸机各部分损纸。

通常情况下,供浆系统由供浆管路的浆泵、冲浆泵和净化设施的压力筛、除渣器等组成,要达成以上 5 个条件,最主要的是要对浆泵和冲浆泵从全速运行改造为速度可调节的变频运行,最终满足供浆自动化。下面以冲浆泵为例说明变频器的速度控制流程。

冲浆泵的变频控制宜采用双闭环系统的速度控制方式,外环是速度闭环,内环是电流或转矩闭环。冲浆泵速度的设定值一方面由浆速和网速比变化而获得,另一方面来自流浆箱的压力控制器,前者是主调,后者是微调。造纸机的浆速和网速比基本上是恒定的,因此,造纸机的网速一旦变化,冲浆泵的转速也跟随变化。为了提高速度调节器的精确性和反映流浆箱的实际工艺过程,通常还需取流浆箱的压力 PID 控制输出值的 ±5% 的变化作为冲浆泵附加的速度设定值。速度的实际值取自传动电动机的实际速度采样,可通过旋转测速电动机或光电旋转编码器等检测装置获取。电流的设定值取自速度环的输出信号,电流的实际值取自各个传动点的交流变频器输出端电流互感器的测量值。

因此,对于冲浆泵的变频调速而言,需要对其进行 PID 控制,需正确选择速度反馈方式和PID 的各类参数。了解这一点,对选择变频器的型号非常重要。

6. 化学品制备及传送系统的变频应用

由于在脱墨、制浆、涂布、施胶等部位要用到大量的化学品,其使用的量与造纸机多传动的速度成正比,所以化学品的传送系统(如泵)必须采用无级交流调速系统,其首选为变频器。原因是基于该化学品泵的功率较小一般都在 0.4～5.5kW,而这一功率段的变频器的性能价格比已经属于最优,多年前还在广泛使用的电磁调速和无级调速齿轮泵都已经面临淘汰。根据市场统计,中等品牌的最低功率变频器已经跌至千元以下。

在化学品制备中要用到大量的研磨设备,如球磨、胶体磨、砂磨、高切变分散搅拌器等,它们最大的特点就是高功率、高耗能、使用环境恶劣。目前,已经有厂家在研磨设备上采用变频器并取得了良好的效果。

以砂磨机为例,其工作原理是将待研磨的涂料经送料泵输入筒体后,在高速旋转的分散盘带动下,遭到研磨介质的强烈撞击、研磨而被分散混合到溶剂中,制成合格的涂料,然后经顶筛过滤流出。该设备的主电动机功率为 200kW,在未使用变频器之前,通常是在起动前期,采用点动方式多次(3 次以上)重复以使涂料与研磨介质混合均匀;针对不同的涂料,有时需要不同的工艺转速,但实际上只能满速运行;无法掌握进料量,来保证主电动机不过载;耗能非常严重。而使用 200kW 变频器就很好地解决了以上问题,可以方便地设置点动速度和慢速运行时间,确保涂料与介质混合达到最均匀;可以在线无级调速,不同品种使用不同的研磨速度;进料量只要从电动机的实际运行电流就可以来控制进料量,且有过载预报警功能和免跳闸功能;节能率一般可达 20％以上;降低了齿轮箱的损耗,避免了工频起动对齿轮箱的冲击;由于起动时,电流平缓,避免了对电网的冲击,提高了电网的安全运行。

7. 其他设备

在造纸的生产过程中还有很多的设备需要变频器控制,如压缩系统设备、烘干机、化学品制备等。

总而言之,造纸生产线采用了上述变频控制装置,其主要的优点如下:

(1) 变频器体积小,重量轻,不必加设控制盘,安装容易,调试简单,操作方便,噪声小,无振动。

(2) 具有齐全的保护功能,而且集成度高,所以可靠性高;具有自诊断功能,检修方便,大大减少了停机的时间,自然地提高了产量。

(3) 具有良好的节电效果,可节电 30％左右,大约 6 个月的时间就可以回收所有的投资成本。

(4) 调速精度高,当负荷和网络电压变化时(340～420V)其电动机转速无变化,适应性很强。

(5) 实现无级调速,起动电流小,对机械和电网无冲击,非常适用于软起动的设备,如复卷机、压光机等。

8.4.4 运行维护

(1) 切断电源后,变频器内部的电容,在一段时间积存高压,进行维修检查时要注意。

(2) 瞬间停电或高压时,变频器会停止工作,此时要断开"空气开关";当电源电压恢复正常后,再合上"空气开关"即可恢复工作。

(3) 严禁在变频器和电动机之间装设超前补偿电容和浪涌抑制。

(4) 更换水泵时,电动机功率不可超过变频器的功率容量。

8.5　变频器在塑料薄膜机械中的应用

8.5.1　概述

一般而言,塑料薄膜机械对传动系统的要求有以下几点:

(1) 能在一定范围内平滑调速,通过调节主电动机、牵引电动机的转速来生产不同规格的产品。

(2) 起动、停止平稳,因为塑料机是恒转矩负载,起动、停止平稳可避免太大的机械冲击,另一方面也可减少起动过程中的不合格产品。

(3) 电动机只需单方向运行。

(4) 性能稳定,工作可靠。

为了达到以上要求,在塑料薄膜机械传动的发展史上,曾相继采用过直流调速、电磁调速,但目前已经越来越多地采用了交流变频调速。综合多年的变频使用经验,采用变频器的目的包括:

(1) 提高产品质量:变频调速性能相当稳定。

(2) 节约能源:根据变频器的运行 U/f 曲线可知,变频器是恒转矩输出的,与其他调速系统相比,平均节约电能达 30%,低速运行时的节能效果更加显著。

(3) 满足无级调速要求,调速简单、操作方便,保护功能强大。

(4) 减少起动时对电网的冲击,起动电流可控制在额定电流内不构成对电压冲击。

(5) 减少起动时对机械的冲击,平滑起动可延长机械的使用寿命。

下面将介绍汇川变频器 MD320 在塑料薄膜机械中的 3 个典型应用,即吹膜机、制袋机和复合机。

8.5.2　变频器在吹膜机中的应用

主机传动是塑料挤出机的主要组成部分之一,它的作用是驱动挤出机的螺杆,并使螺杆能在选定的工艺条件下(如机头压力、温度、转速等),以必需的转矩和转速均匀地旋转,完成挤出过程。它在其适用的范围内能够提供最大的转矩输出和一定的可调速范围,同时使用可靠、维修方便。

塑料薄膜的生产是塑料颗粒经加热后用挤压的方法挤出,由压缩空气吹成塑料薄膜袋子,经牵引机在定型套上冷却定型,再由卷取机卷成成品。对于牵引电动机的控制必须引入牵引比的概念,就是牵引辊的速度和机头口模处物料的挤出速度之比。通常牵引比为 4~6,太大薄膜易拉断,且厚度控制较困难。因此,牵引电动机的控制必须与挤出电动机同步且通过电位器可以方便将挤出速度按照牵引比进行比例调整放大(本方案中采用信号放大器)。

卷取机的作用是将薄膜卷取成卷,并且使成卷的薄膜平整无皱纹,卷边整齐,卷轴上薄膜应松紧适中,以防止薄膜拉伸变形,保证质量。因此,要求卷取机保证一定的卷取速度,这个速度不随膜管的直径变化而变化,并与牵引速度相匹配。为保证恒张力收卷,一般吹膜机还会装设有浮动辊。通过浮动辊位置的变化,将会送出一个相应的电压信号给变频器,同时通过 PID 调节收卷的速度以保证浮动辊稳定在某一位置。

在吹膜系统中,采用了比较普遍的表面卷取,它是由电动机通过带或链带动主动辊,卷取辊靠在主动辊上,依靠二者之间的摩擦力带动主动辊卷在卷取辊上。这种卷取线速度取决于主动辊的圆周速度,而不受膜卷直径变化的影响。

MD320 变频器有个重要的特点就是频率源的自由组合,如在本方案中,要考虑到主动辊卷取电动机既不能单独工作在张力 PID 闭环状态(这样会造成在主机升速过程中响应滞后),

也不能单独采用速度跟随牵引电动机(这样会造成张力不稳),而应该采用以速度跟随为主、PID 控制为辅的控制方案。对 MD320 来讲,只需要设定两种频率源(主速度 AI1＋PID 微调)即可,而微调的幅度也可以随意设定。这样一来,控制就非常方便。

吹膜机的变频控制原理图如图 8-12 所示。图中,挤出电动机 M1 采用无速度传感器的矢量控制方式,以保证挤出的高转矩和高精度速度控制;牵引电动机 M2 的速度通过 M1 的输出按照牵伸比进行信号放大来控制;收卷主动辊电动机 M3 的速度则由 M2 和浮动辊位置信号进行 PID 微调控制。

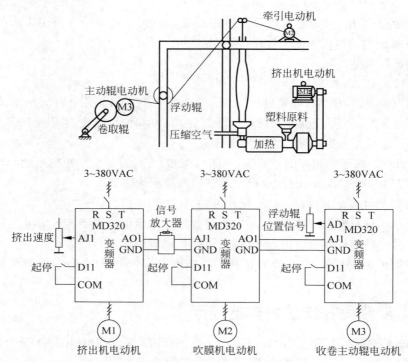

图 8-12　吹膜机的变频控制原理图

MD320 变频器的参数设置如下:

M1:

F0-01＝0(无速度传感器控制方式);

F0-02＝1(端子运行命令);

F0-03＝2(AI1);

F0-07＝0(主频率源 X);

F4-00＝1(正转运行);

F5-07＝0(AO1 输出运行频率)。

M2:

F0-02＝1(端子运行命令);

F0-03＝2(AI1);

F0-07＝0(主频率源 X);

F5-07＝0(AO1 输出运行频率)。

M3:

F0-01＝0(无速度传感器控制方式);

F0-02＝1(端子运行命令)；

F0-03＝2(AI1)；

F0-04＝8(PID 控制)；

F0-06＝20%(辅助频率源范围)；

F0-07＝1(主频率源 X＋辅助频率源 Y)；

FA-00＝0(张力设定为面板数据)；

FA-01＝50%(张力设定数据)；

FA-02＝1(张力反馈 AI2)；

FA-05＝20(P 值)；

FA-06＝4(积分时间)；

FA-08＝0.2(采样周期)。

8.5.3　变频器在制袋机中的应用

制袋机的温控系统可以自动保持温度恒定,焊刀封压时间可以随意调节,以保证焊线牢固美观。制袋机的变频控制原理图如图 8-13 所示。薄膜料卷经输送胶辊(由供料电动机 M1 传动)以主机制袋速度带动后,依次进入光电眼、焊刀、焊口校正器,最后由切刀按照设定的长度切断后退料。

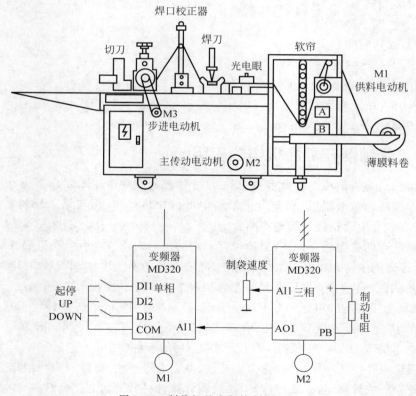

图 8-13　制袋机的变频控制原理图

供料电动机的功率一般都较小,可由单相变频器 MD320 驱动,采用主速度与辅助速度合成的方式以保证送料的自动化。主速度由制袋电动机的实际运行速度决定,辅助速度为数字设定 UP/DOWN 端子(DI2 和 DI3),合成方式为"主速度＋辅助速度"。具体如下:当塑料薄膜在监视电眼 1 范围时,供料电动机的频率降低(DOWN)；当塑料薄膜不在监视电眼 1 范围时,供料电动机的频率增加(UP)。也就是用监视电眼来自动控制供料速度。

制袋机的主传动电机 M2 由三相变频器 MD320 进行调速,其核心是凸轮装置,并形成制袋工作循环系统。在一般情况下,都建议安装制动电阻以保证快速制动,同时也可以起动直流制动功能。

MD320 变频器的参数设置如下:

M1:

F0-02=1(端子运行命令);

F0-03=2(AI1);

F0-04=0(数字设定 UP/DOWN,不记忆);

F0-07=1(主频率源 X+辅助频率源 Y);

F4-00=1(正转运行);

F4-01=6(端子 UP);

F4-02=7(端子 DOWN);

F4-12=2HZ(调整自动变化率)。

M2:

F0-02=1(端子运行命令);

F0-03=2(AI1);

F0-07=0(主频率源 X);

F0-17=3(加速时间);

F0-18=0.2(减速时间);

F5-07=0(AO1 输出运行频率);

F6-13=50%(停机直流制动电流);

F6-14=0.1(停机直流制动时间)。

8.5.4 变频器在复合机中的应用

干式复合机是薄膜机械的一个重要设备,其变频控制原理图如图 8-14 所示。复合基材薄膜卷通过放卷架进入牵引辊后,在复合干燥箱中进行加热处理,再与第二材料的薄膜进行复合,最后由中心收卷电动机进行收卷。

为了控制收卷的张力稳定,复合机通过浮动辊的信号来调节牵引电动机(M1)和复合辊电动机(M2)的速度同步。在中心卷取的过程中,随着卷径的不断增加,中心收卷电动机(M3)的速度必须不断减低,同时又要保证薄膜的张力相对平稳。对于收卷系统而言,进行张力控制是核心技术,也是变频调速的难点。在一般情况下,可以采用由直径、转矩补偿和速度计算等模块组成的张力卡。

带有张力卡的 MD320 变频器具有以下卷取控制的各种功能:

(1) 实现转矩补偿的功能,如弯曲力矩补偿、静态力矩补偿、惯性力矩补偿等。

(2) 各种卷径的计算,包括线速度计算、绕圈计算、模拟设定、上位机给定等。

(3) 多种线速度测量方式,包括脉冲输入、模拟输入、数字输入等。

(4) 实现张力锥度的设定。

(5) 卷径模拟输出,实现人机友好交互功能。

(6) 具有自动换卷逻辑功能,实现在线换卷功能。

MD320 变频器共有 3 种张力控制模式:开环转矩控制模式、闭环速度控制模式和闭环转

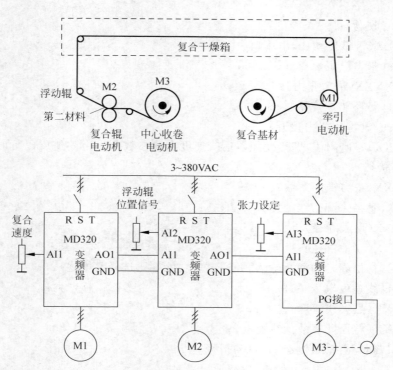

图 8-14 干式复合机的变频控制原理图

矩控制模式。这 3 种张力控制模式的配置主要考虑系统的张力控制精度要求、系统的成本要求以及装设传感器的位置等,用户可以根据实际情况决定采用哪种。

在本系统中选用了经济而实用的开环转矩控制模式,即变频器工作在转矩控制模式,只需设定所要控制对象的张力。此种情况下,变频器必须工作在闭环矢量方式,电动机需要加装旋转编码器。开环转矩控制模式最为简单,无须加装张力反馈装置,而且可获得比较稳定的张力效果。通常用于复合机、分切机等张力精度不是特别高的场合。

复合辊电动机的线速度通过 AI1 口进入变频器 MD320,张力锥度和张力设定值通过高精度电位器输入到 AI2、AI3 口。数字输入端子应包括起动/停止命令、卷径复位命令;另外需外加 PG 卡,以保证转矩控制方式的正常进行。

为保证操作者的正常使用,MD320 变频器具有直径信号、张力信号模拟量输出值,因此可以方便地外接数显表来实时显示,同时,卷径得到指示,方便操纵者换卷和卷径复位。

MD320 变频器的参数设置如下:

M1 的参数设置比较简单,就是速度控制;M2 的参数设定与吹膜机中卷取主动辊的设置基本差不多;M3 的设置则比较复杂,设置如下。

M3:

F0-01=1(有速度传感器矢量控制方式);

F0-02=1(端子运行命令);

F0-03=2(AI1);

F0-07=0(主频率源 X);

F4-00=1(正转运行);

F5-07=0(AO1 输出运行频率);

FH-00=1(开环转矩控制);

FH-01＝0(收卷)；

FH-03＝XX(机械传动比,由用户决定)；

FH-04＝2(张力设定 AI2)；

FH-06＝XXXX(最大张力)；

FH-00＝1(开环转矩控制)；

FH-07＝10％(零速张力提升)；

FH-08＝XX(零速阈值,即当变频器运行速度在此参数所设定的速度以下时,认为变频器处于零速工作状态)；

FH-09＝XX(张力锥度系数)；

FH-10＝0(卷径来源为线速度计算法)；

FH-11＝XX(最大卷径)；

FH-12＝XX(卷轴直径)；

FH-13＝0(初始卷径为面板输入,并通过多功能端子选择其中之一)；

FH-24＝1(线速度输入 AI1)；

FH-25＝XX(最大线速度)；

FH-26＝XX(卷径计算最低线速度)；

FH-34＝1(断料自动检测有效,自动报警)。

8.5.5　小结

与传统的变频器相比,在满足客户不同性能、功能需求方面,MD320 变频器不是通过多个系列产品实现的(从而增加额外的制造、销售、使用、维护成本),而是在客户需求合理细分的基础上,进行模块化设计,通过单系列产品的多模块灵活组合,创建一个客户化量身定做的平台。

MD320 系列变频器开创了未来变频器领域的 3 个新概念：

(1) 首创了将用户需求进行电动机驱动、通用功能和专用功能等主模块及各种子模块划分的物理标准；

(2) 首创了新一代变频器三层模块化的结构标准；

(3) 引领了将矢量控制技术大众化的行业新趋势。

正是由于 MD320 系列变频器完善的功能、高可靠性和优秀的性价比,塑料薄膜机械才能更好地满足客户需求。

8.6　变频器在风机上的应用

在工矿企业中,风机设备应用广泛,例如锅炉燃烧系统、通风系统和烘干系统等。传统的风机控制是全速运转,即不论生产工艺的需求大小,风机都提供出固定数值的风量。而生产工艺往往需要对炉膛压力、风速、风量及温度等指标进行控制和调节,最常用的方法是调节风门或挡板开度的大小来调整受控对象,但这样就会使能量以风门、挡板的节流损失消耗掉。据统计资料显示,在工业生产中,风机的风门、挡板相关设备的节流损失以及维护、维修费用占到生产成本的 7％～25％。这不仅造成大量的能源浪费和设备损耗,而且使控制精度受到限制,直接影响产品质量和生产效率。

风机设备可以用变频器驱动的方案取代风门、挡板控制方案,从而降低电动机功率损耗,达到系统高效运行的目的。

8.6.1 风机变频调速驱动机理

风机的机械特性具有二次方律特性，即转矩与转速的二次方成正比例。在低速时，由于流体的流速低，所以负载的转矩很小，随着电动机转速的增加，流速加快，负载转矩和功率越来越大。负载转矩 T_L 和转速 n_L 之间的关系可表示为

$$T_L = T_0 + K_T n_L^2 \qquad\qquad (8\text{-}3)$$

根据负载的机械特性 P_L 和转矩 T_L、转速 n_L 之间的关系，有

$$P_L = \frac{T_L n_L}{9550} \qquad\qquad (8\text{-}4)$$

则功率 P_L 和转速 n_L 之间的关系为

$$P_L = P_0 + K_p n_L^3 \qquad\qquad (8\text{-}5)$$

式(8-3)～式(8-5)中，P_L、T_L 分别为电动机轴上的功率和转矩；K_T、K_p 分别为二次方律负载的转矩常数和功率常数。

8.6.2 风机变频调速系统的设计

1. 风机容量的选择

风机容量的选择主要根据被控对象对流量或压力的需求，可查阅相关的设计手册。如果是对在用的风机进行变频调速技术改造，风机容量当然是现成的。

2. 变频器的容量选择

风机在某一转速下运行时，其阻转矩一般不会发生变化，只要转速不超过额定值，电动机就不会过载。一般变频器在出厂时标注的额定容量都具有一般裕量的安全系数，所以选择变频器容量与所驱动的电动机容量相同即可。若考虑更大的裕量，也可以选择比电动机容量大一个级别的变频器，但是价格会很高。

3. 变频器的运行控制方式选择

风机采用变频调速控制后，操作人员可以通过调节安装在工作台上的按钮或电位器调节风机的转速，操作十分简易方便。由于依据风机在低速运行时，阻转矩很小，不存在低频时带不动负载的问题，故变频器的运行控制方式采用 U/f 控制方式即可。并且，从节能的角度考虑，U/f 线可选最低的那条。

现在许多生产厂家都生产有廉价的风机专用变频器，可以选用。在设置变频器的参数时，一定要看清变频器说明书上注明的 U/f 线在出厂时默认的补偿量。一般变频器出厂时会设置转矩补偿 U/f 线，即频率 $f_x = 0$ 时，补偿电压 U_x 为一定值，以适应低速时需要较大转矩的负载。但这种设置不适宜风机负载，因为风机低速时阻转矩很小，即使不补偿，电动机输出的电磁转矩都足以带动负载，为了节能，风机应采用负补偿的 U/f 线，这种曲线是在低速时减少电压 U_x，因此，也叫低减 U/f 线。如果用户对变频器出厂时设置的转矩补偿 U/f 线不加改变，就直接接上风机运行，则节能效果就比较差了，甚至在个别情况下，还可能出现低频运行时因励磁电流过大而跳闸的现象。当然，若变频器具有"自动节能"的功能设置，则直接选取即可。

8.6.3 变频器的参数预置

1. 上限频率

因为风机的机械特性具有二次方律特性，所以当转速超过额定转速时，阻转矩将增大很多，容易使电动机和变频器处于过载状态。因此，上限频率 f_H 不应超过额定频率 f_N。

2. 下限频率

从特性或工作状况来说,风机对下限频率 f_L 没有要求,但转速太低时,风量太小,在多数情况下无实际意义。一般可预置 $f_L \geqslant 20\,\mathrm{Hz}$。

3. 加、减速方式

风机在低速时阻转矩很小,随着转速的升高,阻转矩增大得很快;反之,在停机开始时,由于惯性的原因,转速下降较慢。所以,加、减速方式以半 S 方式比较适宜。

4. 加、减速时间

风机的惯性很大,加速时间过短,容易产生过电流;减速时间过短,容易引起过电压。一般风机起动和停止的次数很少,起动和停止时间不会影响正常生产。所以加、减速时间可以设置长些,具体时间可根据风机的容量大小而定。通常是风机容量越大,加、减速时间设置越长。

5. 起动前的直流制动

为保证电动机在零速状态下起动,许多变频器具有"起动前的直流制动"功能设置。这是因为风机在停机后,其风叶常常因自然风而处于反转状态,这时让风机起动,则电动机处于反接制动状态,会产生很大的冲击电流。为避免此类情况出现,要进行"起动前的直流制动"功能设置。

6. 回避频率

风机在较高速运行时,由于阻转矩较大,容易在某一转速下发生机械谐振。遇到机械谐振时,极容易造成机械事故或设备损坏,因此必须考虑设置回避频率。可采用实验的方法进行预置,即反复缓慢地在设定的频率范围内进行调节,观察产生谐振的频率范围,然后进行回避频率设置。

8.6.4 风机变频调速系统的电路原理图

一般情况下,风机采用正转控制,所以线路比较简单。但考虑到即使变频器一旦发生故障,也不能让风机停止工作,所以应具有将风机由变频运行切换为工频运行的控制。风机变频调速系统的电路原理图如图 8-15 所示。

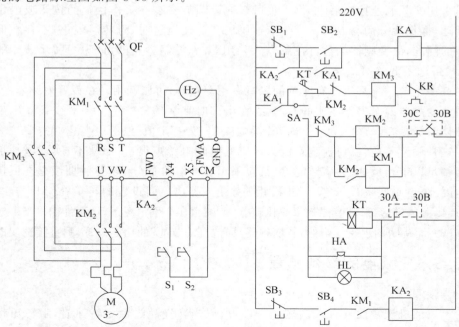

图 8-15 风机变频调速系统的电路原理图

风机变频调速系统的电路原理图说明如下。

1. 变频器的接线与功能代码

图 8-15 中所用的变频器为森兰 BT12S 系列,输入端 R、S、T 通过控制电器接至电源,输出端 U、V、W 通过电器接至电动机,使用时绝对不允许接反。控制端子 FWD 为正转起动端,为保证电动机单向正转运行,将 FWD 与公共端 CM 相接。

变频器的功能预置如下:

F01=5　　频率由 X4、X5 设定。

F02=1　　使变频器处于外部 FWD 控制模式。

F28=0　　使变频器的 FMA 输出功率为频率。

F40=4　　设置电动机极数为 4 极。

FMA 为模拟信号输出端,可在 FMA 和 GND 两端之间跨接频率表,用于监视变频器的运行频率。

F69=0　　选择 X4、X5 端子功能,即用控制端子的通断实现变频器的升降速。

X5 与公共端 CM 接通时,频率上升;X5 与公共端 CM 断开时,频率保持。

X4 与公共端 CM 接通时,频率下降;X4 与公共端 CM 断开时,频率保持。

这里我们使用 S$_1$ 和 S$_2$ 两个按钮分别与 X4 和 X5 相接,按下按钮 S$_2$ 使 X5 与公共端 CM 接通,控制频率上升;松开按钮 S$_2$,X5 与公共端 CM 断开,频率保持。同样,按下按钮 S$_1$ 使 X4 与公共端 CM 接通,控制频率下降;松开按钮 S$_1$,X4 与公共端 CM 断开,频率保持。

2. 主电路

三相工频电源通过断路器 QF 接入,接触器 KM$_1$ 用于将电源接至变频器的输入端 R、S、T;接触器 KM$_2$ 用于将变频器的输出端 U、V、W 接至电动机;接触器 KM$_3$ 用于将工频电源直接接至电动机。注意接触器 KM$_2$ 和 KM$_3$ 绝对不允许同时接通,否则会造成损坏变频器的后果,因此,接触器 KM$_2$ 和 KM$_3$ 之间必须有可靠的互锁。热继电器 KR 用于工频运行时的过载保护。

3. 控制电路

为便于对风机进行"变频运行"和"工频运行"的切换,控制电路采用三位开关 SA 进行选择。

当 SA 合至"工频运行"位置时,按下起动按钮 SB$_2$,中间继电器 KA$_1$ 动作并自锁,进而使接触器 KM$_3$ 动作,电动机进入工频运行状态。按下停止按钮 SB$_1$,中间继电器 KA$_1$ 和接触器 KM$_3$ 均断电,电动机停止运行。

当 SA 合至"变频运行"位置时,按下起动按钮 SB$_2$,中间继电器 KA$_1$ 动作并自锁,进而使接触器 KM$_2$ 动作,将电动机接至变频器的输出端。接触器 KM$_2$ 动作后使接触器 KM$_1$ 也动作,将工频电源接至变频器的输入端,并允许电动机起动。同时使连接到接触器 KM$_3$ 线圈控制电路中的接触器 KM$_2$ 的常闭触点断开,确保接触器 KM$_3$ 不能接通。

按下按钮 SB$_4$,中间继电器 KA$_2$ 动作,电动机开始加速,进入"变频运行"状态。中间继电器 KA$_2$ 动作后,停止按钮 SB$_1$ 失去作用,以防止直接通过切断变频器电源使电动机停机。

在变频运行中,如果变频器因故障而跳闸,则变频器的"30B-30C"保护触点断开,接触器 KM$_1$ 和 KM$_2$ 线圈均断电,其主触点切断了变频器与电源之间,以及变频器与电动机之间的连接。同时"30B-30A"触点闭合,接通报警扬声器 HA 和报警灯 HL 进行声光报警。

同时,时间继电器 KT 得电,其触点延时一段时间后闭合,使 KM₃ 动作,电动机进入工频运行状态。

操作人员发现报警后,应及时将选择开关 SA 旋至"工频运行"位,这时,声光报警停止,并使时间继电器断电。

8.6.5 高压变频器对电动机的影响及改善措施

在高压变频器调速控制中,输出谐波、输出电压变化率影响电动机的绝缘和使用寿命。因此,需要采取适当的措施。

1. 输出谐波对电动机的影响及改善措施

输出谐波对电动机的影响主要有谐波引起电动机的温升过高、转矩脉动和噪声增加。

经常采用的改善措施一般有两种:一是设置输出滤波器;二是降低输出谐波。降低输出谐波的主要方案是改变逆变器的结构或连接形式,使其作用到电动机上的输出波形接近正弦波。

2. 输出电压变化率对电动机的影响及改善措施

当输出电压的变化率(du/dt)比较高时,相当于在电动机绕组上反复施加了陡度很大的脉冲电压,加速了电动机绝缘的老化。特别是当变频器与电动机之间的电缆距离比较长时,电缆上的分布电感和分布电容所产生的行波反射放大作用增大到一定程度,有时会击穿电动机的绝缘。

经常采用的改善措施一般有两种:一是设置输出滤波器;二是降低输出电压的变化率。降低输出电压变化率的主要方法也有两种:一是降低输出电压每个台阶的幅值;二是降低逆变器功率器件的开关速度。

8.6.6 节能计算

对于风机设备采用变频调速后的节能效果,可根据已知风机在不同控制方式下的流量与负载关系曲线及现场运行的负荷变化情况进行计算。

以一台工业锅炉使用的 30kW 鼓风机为例。一天 24h 连续运行,其中每天 10h 运行在 90%负荷(频率按 46Hz 计算,挡板调节时电动机功率损耗按 98%计算),14h 运行在 50%负荷(频率按 20Hz 计算,挡板调节时电动机功率损耗按 70%计算)。若全年运行时间以 300 天为计算依据,则变频调速时每年的节电量为

$$W_1 = 30 \times 10 \times [1 - (46/50)^3] \times 300 \text{kW} \cdot \text{h} = 19\,918 \text{kW} \cdot \text{h}$$

$$W_2 = 30 \times 14 \times [1 - (20/50)^3] \times 300 \text{kW} \cdot \text{h} = 117\,936 \text{kW} \cdot \text{h}$$

$$W_b = W_1 + W_2 = (19\,918 + 117\,936) \text{kW} \cdot \text{h} = 137\,854 \text{kW} \cdot \text{h}$$

挡板开度时的节电量为

$$W_1 = 30 \times (1 - 98\%) \times 10 \times 300 \text{kW} \cdot \text{h} = 1800 \text{kW} \cdot \text{h}$$

$$W_2 = 30 \times (1 - 70\%) \times 14 \times 300 \text{kW} \cdot \text{h} = 37\,800 \text{kW} \cdot \text{h}$$

$$W_d = W_1 + W_2 = (1800 + 37\,800) \text{kW} \cdot \text{h} = 39\,600 \text{kW} \cdot \text{h}$$

相比较节电量为 $W = W_b - W_d = (137\,854 - 39\,600) \text{kW} \cdot \text{h} = 98\,254 \text{kW} \cdot \text{h}$

1kW·h 电按 0.6 元计算,则采用变频调速每年可节约电费 58 952 元。一般来说,变频调速技术用于风机设备改造的投资,通常可以在一年左右的生产中全部收回。

8.7　变频器在矿用提升机上的应用

现在大多数矿用提升机还在沿用传统的线绕转子异步电动机,用转子串电阻的方法调速。这种系统属于有级调速,低速转矩小,起动电流和换挡电流冲击大;中高速运行振动大,制动不安全不可靠,对再生能量处理不力,矿井提升机运行中调速不连续,容易掉道,故障率高。矿用生产往往是多小时连续作业,即使短时间的停机维修也会给生产带来很大损失。因此,矿用提升机的技术改造要求迫在眉睫。

8.7.1　使用矿用提升机系列变频器的优点

（1）可以实现电动机的软起动、软停车,减少了机械冲击,使运行更加平稳可靠。

（2）起动及加速换挡时冲击电流很小,减轻了对电网的冲击,简化了操作、降低了工人的劳动强度。

（3）运行速度曲线呈 S 形,使加、减速平滑,无撞击感。

（4）安全保护功能齐全,除一般的过电压、欠电压、过载、短路、温升等保护外,还设有联锁、自动限速保护功能等。

（5）设有直流制动、能耗制动、回馈制动等多种制动方式,使安全性更加可靠。

（6）该系统四象限运行,回馈能量直接返回电网,且不受回馈能量大小的限制,适应范围广,节能效果明显。

8.7.2　矿用提升机变频调速系统的原理

该设备为交-直-交电压型变频调速系统,其主电路如图 8-16 所示。

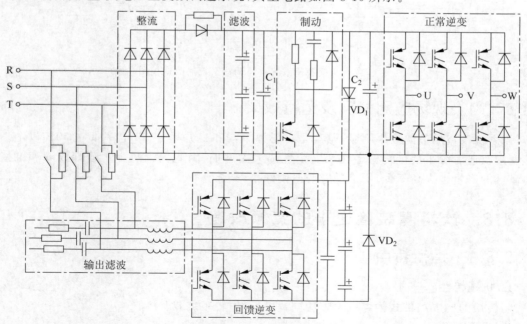

图 8-16　矿用提升机变频器的主电路

该系统的运行过程主要分为两个过程：

（1）绞车电机作为电动机的过程,即正常的逆变过程。该过程主要由整流、滤波和正常逆变三大部分组成,如图 8-16 所示。其中,正常逆变过程是其核心部分,它改变电动机定子的供电频率,从而改变输出电压,起到调速作用。

(2) 绞车电机作为发电机的过程,即能量回馈过程。该过程主要由整流、回馈逆变和输出滤波三部分组成,如图 8-16 所示。其中,该部分的整流是由正常逆变部分中 IGBT 的续流二极管完成。二极管 VD_1 和 VD_2 为隔离二极管,其主要作用是隔离正常逆变部分和回馈逆变部分。电解电容 C_2 的主要作用是为回馈逆变部分提供一个稳定的电压源,保证逆变部分运行更可靠。回馈逆变部分是整个回馈过程的核心部分,该部分实现回馈逆变输出电压相位与电网电压相位的一致。因为回馈逆变输出的是调制波,故为保证逆变的正常工作以及减少对电网的污染,增加了一个输出滤波部分,使该系统的可靠性更加稳定。

鉴于矿区电压的波动性可能比较大,同时变频器的回馈条件是要和电网电压有一个固定的电压差值,如果某时刻电网电压比较高,再加上回馈时的固定电压差值,则此时变频器的母线电压就会达到一个比较高的电压值(如果再有重车下滑,则母线电压会更高)。此时的高电压有可能威胁到变频器的大功率器件的安全,因此该系统又加了一个刹车部分,以保证变频器的安全。

8.7.3 变频调速系统对原调速系统的改造

为了确保安全可靠,让变频调速系统与原调速系统并存,互为备用,并且随时可以切换。同时,为了让操作者不改变操作习惯,工频和变频系统都用原操作机构操作,变频调速系统对原调速系统的改造框图如图 8-17 所示。

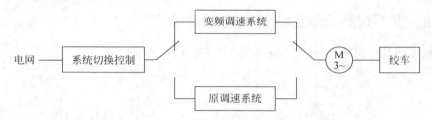

图 8-17 变频调速系统对原调速系统的改造框图

8.7.4 现场应用情况及运行效果

该系统改造后节能效果明显,尤其是对斜井单沟和直井矿井,节电率都在 30% 以上。同时,变频改造后绞车运行的稳定性和安全性都大大增加,因此大大减少了运行故障和维修时间,矿区的产量也提高不少,用户反应普遍较好。

8.8 饮料灌装输送带的变频改造

8.8.1 运行特点

1. 机械特性

阻转矩的构成和带式输煤机大致相同,也属于恒转矩负载。

2. 运行定额

输送带在工作过程中,运行和停止不断地交替,每隔一段时间,所有工件同时向下一个工位(主要工位有灌装、加盖、贴标签等)移动。运行的时间和停止的时间都是一定的,属于间歇传输方式。饮料灌装输送带的基本结构如图 8-18 所示。

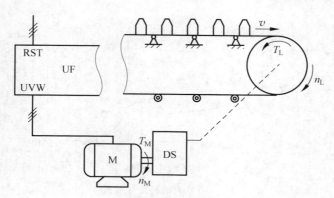

图 8-18 饮料灌装输送带的基本结构

8.8.2 电动机特点

1. 主要数据

额定容量 $P_{MN}=5.5kW$，额定转速 $n_{MN}=960r/min$。定额为断续运行。

2. 类型及工作特点

由于要求输送带在转换工位时必须准确停住，不允许出现滑动。因此，采用 YEJ 系列电磁制动电动机，其特点是电动机轴上附加了一个制动电磁铁。电磁制动电动机的基本电路是在内部已经接好了的，如图 8-19(a)所示。

因为电磁铁的绕组 MB 是一个大电感，当电源电压为正半周时，电源通过 VD_1 向线圈 MB 提供电流；当电源电压为负半周时，电源不再提供电流，而是由线圈的自感电动势使电流通过 VD_2 继续流动，VD_2 称为续流二极管。RP_1 是压敏电阻，当续流二极管电路发生接触不良等故障时，用于保护线圈的。

线圈电流的波形如图 8-19(b)所示。

8.8.3 变频改造要点

1. 变频器的选择

1）变频器的容量由于饮料灌装输送带不会有严重过载的情形，因此可选与 5.5kW 电动机相配的变频器：

$$S_N=8.5kV \cdot A，\quad I_N=14.2A。$$

2）变频器的型号

由于饮料灌装输送带在起动时，静摩擦力较大，需要较大的起动转矩。因此，以选用具有无反馈矢量控制方式的变频器为宜。

由于在运行过程中负载变化和调速范围均不大，即使是只有 U/f 控制方式的通用型变频器也可选用。

2. 变频器与制动器的配合

1）制动器的电源

制动器在出厂时是和电动机共电源的。但变频器的输出电压是随频率而变的，所以原来的制动器和电动机共电源的连接线不能再用，必须通过单独的接触器与电源连接，如图 8-19(c)所示。

2）电动机的起动

电动机起动时，首先要使制动器通电，将抱闸松开。在抱闸刚松开的瞬间，传动轴常会转动，

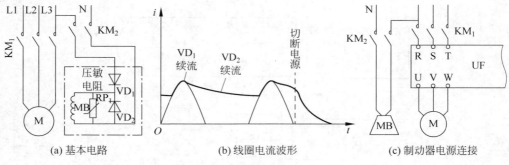

图 8-19 电磁制动电动机

引起输送带的蠕动,影响定位精度。为此,需预置"起动前的直流制动",以保证输送带在原位开始移动。制动器的松开时间一般在 0.6s 以内,故起动前直流制动的时间可预置为 1s,如图 8-20 中的 t_1 所示。直流制动结束时,电动机将从起动频率 f_S 开始起动,并升速至工作频率 f_{X1}。

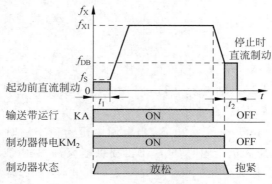

图 8-20 电动机起动与停止的时序

3)电动机的停机

电动机停机时,由于切断电源后,制动器的抱闸抱紧也需要时间,故也应该预置直流制动功能。直流制动的起始频率 f_{DB} 可预置为 15Hz,持续时间也预置为 1s,如图 8-20 中的 t_2 所示。

8.9 本章小结

本章主要介绍了变频器在八方面的应用实例。应用变频器使原有的系统控制更加节能、稳定,这是变频器的重要作用。目前大多数有电动机的控制系统都应用了变频器,如何更好地应用变频器还需要在实践中不断学习,本书只能从理论上加以阐释,在实际应用时会遇到很多具体问题。但无论如何,变频器在电动机控制系统中的应用会越来越广泛,优势会越来越明显。

思考题与习题

1. 恒压供水的特点有哪些?
2. 简述变频器在电梯中的功能。
3. 简述变频器在中央空调中的作用。
4. 变频器在造纸中如何应用?
5. 变频器在风机应用中的作用是什么?

第 9 章

通用变频器操作实训及应用

本篇主要以 FRN-G9S/P9S 变频器为例,讲述变频器的使用方法,并且以各种实例介绍变频器的功能应用和设置及操作方法。通过实训使学生掌握变频器常用参数的意义、各控制端子的功能、各种模式下的不同操作方法,以及不同控制要求下的设置方法,最后达到能用变频器完成对各种类型设备的控制应用目标。

实训要求:

1. 预习

在实训前做好预习工作,是保证实训顺利进行的必要步骤,也是培养学生独立工作能力、提高实训质量与效率的重要环节。要求做到:

(1) 实训前应复习有关课程的章节,熟悉有关理论知识。

(2) 认真阅读实训教材,了解实训目的、内容、要求、方法和系统的工作原理,明确实训过程中应注意的问题,有些内容可到实训室对照实物预习。

(3) 画出实训线路图,明确接线方式,拟出实训步骤,列出实训时所需记录的各项数据表格。

(4) 实训分组进行,每组 2~5 人,每人都必须预习,实训前可每人或每组写一份预习报告。各小组在实训前应认真讨论、合理分工,预测实训结果及大致趋势,做到心中有数。

2. 实训进行过程

在整个实训过程中必须严肃认真,集中精力。

(1) 预习检查,严格把关。

实训开始前,由指导教师检查预习质量(包括对本次实训的理解、认识及预习报告)。当确认已做好了实训前的准备工作后,方可开始实训。未预习者,可在预习好后,择时进行实训。

(2) 按照计划,操作测试。

按实训步骤由简到繁逐步进行操作测试。实训中要严格遵守操作规程和注意事项,仔细观察实训中的现象,认真做好数据测试工作,并结合理论分析与预测趋势相比较,判断数据的合理性。

(3) 认真负责,完成实训。

实训完毕,实训学生应与指导教师将一起探讨实训过程和记录数据,然后拆线、整理现场,并将导线分类整理,仪表、工具物归原处。

3. 实训报告

实训报告是实训工作的总结及成果,通过书写实训报告,可以进一步培养学生的分析能力和工作能力。因此必须独立书写,每人一份。应对实训数据及实训中观察和发现的问题,进行整理讨论,分析研究,得出结论,写出心得体会,以便积累一定的实践经验。

编写实训报告应持严肃认真的科学态度,要求简明扼要,条理清楚,字迹端正,图表整洁,分析认真,结论明确。

实训报告应包括以下几方面的内容:

(1) 实训名称、专业班级、组别、姓名、同组同学姓名、实训日期。

(2) 实训用机组,主要仪器、仪表设备的型号、规格。

(3) 实训目的要求。

(4) 实训所用线路图。

(5) 实训项目、调试步骤、调试结果。

(6) 整理实训数据。

(7) 画出实训所得曲线或记录波形。

(8) 分析实训中遇到的问题,总结实训心得体会。

4. 实训注意事项

为了按时顺利完成实训,确保实训时人身及设备安全,养成良好的用电习惯,应严格遵守实训室的安全操作规程并注意下列事项:

(1) 人体不可接触带电线路。

(2) 电源必须经过开关接入设备,接线或拆线均需在切断电源的情况下进行。

(3) 合闸时应招呼同组同学注意,如发现问题应立即切断电源,保持现场,可和教师一起查清原因。

9.1 实训一:通用变频器的基本知识

1. 实训目的

(1) 认识变频器的外形结构;

(2) 掌握变频器盖板及键盘面板的拆装方法;

(3) 掌握通用变频器的型号意义;

(4) 熟悉了解通用变频器的基本结构。

2. 实训设备

(1) FRN-G9S/P9S 变频器;

(2) 十字螺丝刀。

3. 实训内容及步骤

1) 变频器的外部结构认识

从外部结构上看,变频器有开启式和封闭式两种。开启式的散热性能好,但接线端子外露,适用于电气柜内部安装;而封闭式的接线端子全部在内部,不打开盖子是看不见的,这里所讲 FRN-G9S/P9S 的变频器是封闭式的。

图 9-1 展示了变频器的外部特征。从图中可以看到:键盘面板、铭牌、盖板螺丝、进出线孔、通风口(初次使用变频器前必须将通风口上的盖板取下)、散热片、侧板等。

2) 键盘面板及前盖板的拆装方法

(1) 拆装键盘面板的方法。

将键盘面板的固定螺钉松开取下,即可将键盘面板从变频器前盖板上取出。安装时,将键盘面板放入前盖板槽内,拧紧螺钉固定即可,如图 9-2 所示。

注意有些型号的变频器键盘面板与前盖板间有楔口,安装、拆卸时应小心。

键盘面板　盖板螺丝　进出线孔　　　　　　通风口

图 9-1　变频器的外部特征

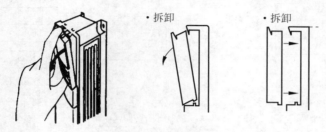

图 9-2　拆装变频器键盘面板的方法

（2）拆装变频器的前盖板的方法。

先松开变频器前盖板的安装固定螺钉，然后握住盖板的下部，向上稍用力即可卸下前盖板。安装前盖板时，先将前盖板的上部楔口放入侧盖板的槽内，用力将下部压下，拧紧前盖板固定螺钉即可，如图 9-3 所示。

图 9-3　拆装变频器前盖的方法

3）通用变频器的型号

通用变频器的型号如图 9-4 所示。

4）通用变频器的基本结构

通用变频器的基本原理框图如图 9-5 所示，它主要是由主电路、控制电路及操作面板（操作、显示）三部分组成。

（1）主电路。

变频器给负载提供调压调频电源的电力变换部分称为变频器的主电路。通用变频器的主电路由整流电路、直流中间电路和逆变电路等部分组成。电压源型交-直-交变频器主电路的

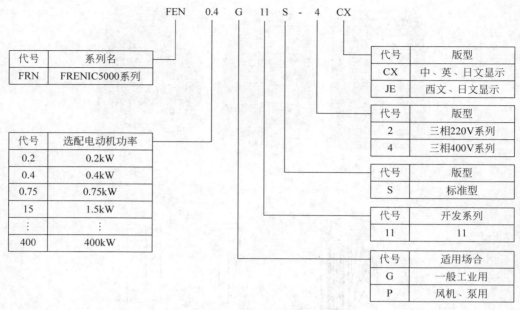

图 9-4　通用变频器型号

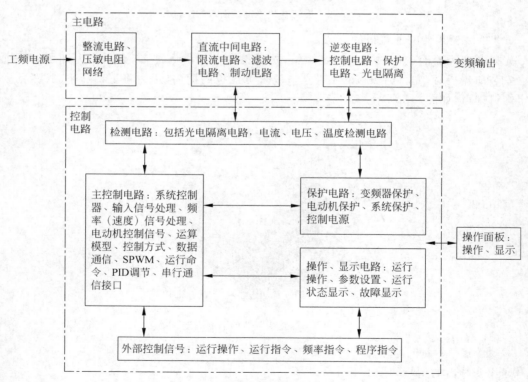

图 9-5　通用变频器的基本原理框图

基本结构如图 9-6 所示。

① 整流电路：在中、小容量的变频器中，整流电路一般由不可控的整流二极管构成全波整流桥，其主要作用是对工频电源进行整流，即电网电压由输入（R、S、T）输入变频器，经整流电路整流成直流，经直流中间环节平波后为逆变电路和控制电路提供所需的直流电源。

② 直流中间电路（也称平波回路）：在整流器整流后的直流电压中含有电源 6 倍频率的脉

动电压,为了抑制电压波动,采用电感或电容吸收脉动电流或电压。

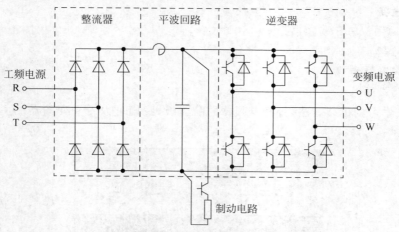

图 9-6　电压源型交-直-交变频器主电路的基本结构

③ 逆变电路:通用变频器核心部件之一,它的基本作用是在控制电路的控制下将中间直流环节输出的直流电转换为频率、电压都可调的交流电源,其输出就是通用变频器的输出(U、V、W)。最常见的结构形式是由 6 个功率开关器件(如 IGBT、GTO、GTR、MOSFET 等)组成三相桥式逆变电路,有规律地控制功率开关器件的导通与关断,得到任意频率的三相交流输出。

(2) 控制电路。

给主电路提供控制信号的回路称为控制电路。由图 9-5 可知,通用变频器的控制电路主要由主控制电路、检测电路、保护电路、外部控制信号和操作、显示接口电路等组成。主控制电路是通用变频器的心脏和指挥中心,而主控制电路中的重要组成部分是系统控制器、输入信号处理、频率(速度)信号处理、运算模型、控制方式、数据通信、SPWM、运行命令、PID 调节和串行通信接口等,所有这些功能单元是由大规模集成电路或微处理器及数字信号处理器来完成。控制电路的主要作用是将检测电路得到的各种信号送至中央处理器的运算电路,使运算电路能根据要求为主电路提供必要的驱动信号,并对变频器本身及电动机提供必要的保护。此外,控制电路还通过 A/D(模/数)、D/A(数/模)等外部接口电路接收/发送各种外部信号和系统内部工作状态,以便使变频器能够和外部设备配合实现各项控制和各项保护功能。

(3) 操作面板。

通用变频器的操作面板由键盘与显示屏组合而成。其中键盘是供用户进行菜单选择、设定和查询功能参数,向机内主控板发出各种指令的。通过显示屏可以观察菜单及其说明,所设定的功能参数,查询运行参数和故障信息。正常运行时,显示屏可显示运行参数,如频率、速度、电流等运行参数的实时值。

9.2　实训二:变频器的端子功能

1. 实训目的

(1) 通过对通用变频器端子的学习,使学生对变频器端子的作用与功能有一个初步的认识了解,为后续实训中正确操作使用变频器打好基础。

(2) 能清楚掌握变频器的主电路端子、控制电路端子,能够分清控制电路端子中的输入端子和输出端子。

2. 实训设备

（1）FRN-G9S/P9S 变频器；

（2）十字螺丝刀。

3. 实训内容及步骤

1）主电路端子

按 9.1 节学习的拆装方法，打开变频器的前盖板，我们可以看到变频器的主电路端子，如图 9-7 所示。

图 9-7　变频器的主电路端子

（1）主电路电源端子（R、S、T）。

交流电源通过断路器或漏电保护器连接至主电路电源端子，电源的连接不需考虑相序。交流电源最好通过一个电磁接触器连接至变频器。不要用主电源开关的接通和断开来起动和停止变频器的运行，而应使用控制电路端子 FWD/REV 或控制面板上的 RUN/STOP 键。不要将三相变频器连接至单相电源。

（2）变频器输出端子（U、V、W）。

变频器输出端子按正确相序连接三相电动机。当运行命令和电动机的旋转方向不一致时，可在 U、V、W 三相中任意更改两相接线，或将控制电路端子 FWD/REV 更换一下。从负载端看，电动机逆时针旋转时转向为正转。不要将功率因数校正电容器或浪涌吸收器连接至变频器的输出端，更不要将交流电源连接至变频器的输出端。

（3）DC 端子（P1、P(+)）。

DC 端子用于连接改善功率因数的 DC 电抗器选件。当不用 DC 电抗器时，应将 P1 和 P(+) 连接牢固。

（4）外部制动电阻端子（P(+)、DB）。

额定容量比较小的变频器有内装的制动单元和制动电阻，故才有 DB 端子。如果内装制动电阻的容量不够，则需要将较大容量的外部制动电阻选件连接至 P(+)、DB。

（5）制动单元和制动电阻端子（P(+)、N(−)）。

7.5kW 或更大功率的变频器没有内装制动电阻。为了增加制动能力，必须外接制动单元选件。制动单元接于 P(+)、N(−)端，制动电阻接于制动单元 P(+)、DB 端。制动单元与制动电阻间若采用双绞线，其间距应小于 10m。

（6）接地端子（E(G)）。

为了安全和减小噪声，接地端子必须接地。接地导线应尽量粗，距离应尽量短，并应采用变频器系统的专用接地方式。

2）控制电路端子

FRN-G9S/P9S 变频器的控制电路端子如图 9-8 所示。在变频器出厂时，已将 FWD 和 CM 短接、THR 和 CM 短接，此时当变频器送电后，可直接利用控制面板（功能单元）操作变频器的运行。变频器的控制电路端子分为 5 部分：频率输入端子、控制信号输入端子、控制信号输出端子、输出信号显示端子和无源触点端子。

30kW以上			22kW以下	
AX2	AX1		30C	30A
30A	30C		CME	30B
30B	Y1		Y2	Y1
CME	Y3		Y4	Y3
Y2	Y5		11	Y5
Y4	C1		12	C1
11	V1		13	FMA
12	FMA		CM	FMP
13	FMP		FWD	X1
CM	X1		REV	X2
FWD	X2		CM	X3
REV	X3		THR	X4
CM	X4		HLD	X5
THR	X5		BX	RST
HLD	RST			
BX				

FRN-G9S/P9S

图 9-8　FRN-G9S/P9S 变频器的控制电路端子

（1）频率输入端子。

11、12、13 这 3 个端子接电位器进行频率的外部设定。其中，13 为"＋10V"电源正极，12 为中间滑动端，11 为电压设定和电流设定的公共地。

V1 为电压输入信号 0～10V，进行频率的外部给定。

C1 为电流输入信号 4～20mA，进行频率的外部设定。

（2）控制信号输入端子。

CM 为公共端，是所有开关量输入信号的参考点。

FWD、REV 为输入正、反转操作命令，当 FWD—CM 短接时为正转命令，当 REV—CM 短接时为反转命令。如果 FWD—CM 和 REV—CM 同时短接，则减速停止。

HLD 是 FWD、REV 命令保持信号，其接线和工作原理图如图 9-9 所示。

THR 为外部报警输入端，当电动机过载或制动电阻过热时，可使其报警信号输入到该端子，使 THR—CM 断开，让变频器停止工作。正常工作时 THR—CM 为常闭。

BX 为自由停车命令，当 BX-CM 闭合时电动机自由停车。

RST 为报警复位信号，当 RST-CM 闭合时保护动作复位。

X1～X5 这 5 个输入端子的公共端均是 CM。当 X1—CM 闭合时 X1 有效，断开时为无效。当 X1～X5 各个端子有效时，可完成的功能是通过程序设定来改变的，其功能可参见功能码 32。

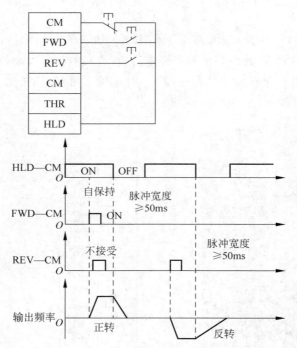

图 9-9　HLD 端子的接线和工作原理图

（3）控制信号输出端子。

控制信号输出端子为 Y1～Y5，均为集电极开路输出端，CME 为 Y1～Y5 的公共端。图 9-10 为 Y1～Y5 输出接线，每个端子输出的信号可自由设定，其功能可参见功能码 47。

（4）输出信号显示端子。

FMA 为模拟信号输出端子。可通过功能码 46 设定输出信号，输出 DC0～10V 电压信号、输出频率、输出电流、输出转矩和负载率。该输出信号可用于显示或驱动其他设备，一般应将 FMA 端子的输出信号种类设定为频率输出。

FMP 为脉冲频率输出端子。脉冲频率（≤6kHz）＝变频器输出频率脉冲倍率（6～100）。FMP—CM 信号可用于显示或驱动其他设备。

（5）无源触点端子。

报警继电器的内部结构如图 9-11 所示。其中，30A、30B、30C 为故障报警继电器输出端子。当变频器保护功能动作时，输出继电器触点信号；当变频器正常时，30A、30C 断开，30B、30C 接通；当故障报警时，30B、30C 断开，30A、30C 接通。触点容量为 250V/0.3A。

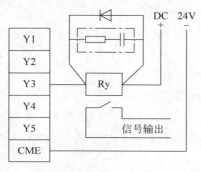

图 9-10　Y1～Y5 输出接线

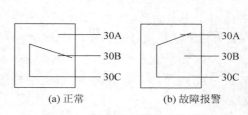

(a) 正常　　　(b) 故障报警

图 9-11　报警继电器的内部结构

通用变频器的基本接线图如图 9-12 所示。

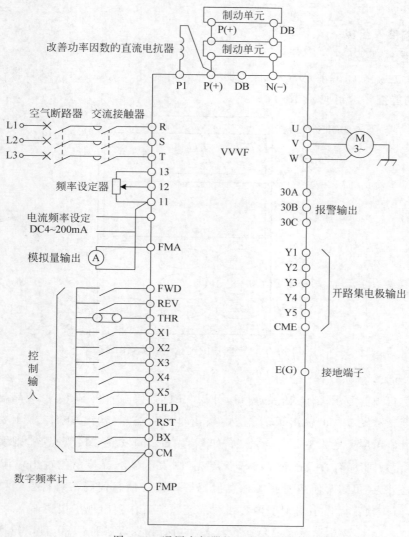

图 9-12　通用变频器的基本接线图

9.3　实训三：变频器的键盘面板及功能参数的预置

1. 实训目的

（1）掌握变频器键盘面板各功能键的作用及操作方法。

（2）了解变频器的功能码，掌握变频器功能码参数的预置方法。

（3）通过变频器控制电动机实例，熟悉功能参数的预置及键盘面板各功能键的操作方法。

2. 实训设备

（1）变频器；

（2）电动机；

（3）开关；

（4）十字螺丝刀。

3．实训内容及步骤

1）变频器的键盘面板

键盘面板主要由 LED 数码显示屏、键盘面板操作指示发光二极管、LCD 液晶显示屏、控制操作键和功能操作键组成，如图 9-13 所示。

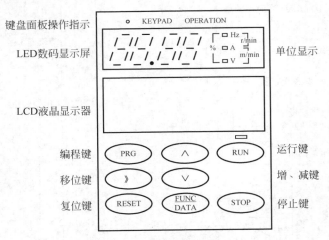

图 9-13　变频器的键盘面板示意图

（1）显示屏。

显示屏是变频器显示工作状态的窗口，分为 LED 数码显示屏和 LCD 液晶显示屏。LED 数码显示屏可显示无单位的输出频率、输入（输出）电流、输入（输出）电压、输出功率等量。这些量的单位由显示屏旁的发光二极管指示，如标有"Hz"的发光二极管点亮，则表示显示屏显示的为输出频率；如标有"A"的发光二极管点亮，则表示显示屏显示的输出电流。LED 除了显示数字量之外，还可以显示各种报警信息代码等。报警信息代码在各种变频器的使用说明书都有说明，当在预置操作中出现了预置错误或变频器工作中出现了报警信息，可查说明书进行消除或复位。LCD 液晶显示屏显示运行状态和功能数据等各种信息，且以轮换方式显示操作指导信息。

（2）键盘面板操作功能键。

① 》键：正常模式时，不管停止或运行状态，用于切换 LED 数码显示屏或 LCD 液晶显示屏的显示内容（如频率、电流、电压、转矩等）。

② ∧ 和 ∨ 键：选择功能码时，用于移动光标；设定数据时，∧ 键用于增加预置值，∨ 键用于减小预置值；正常模式时，∧ 键用于增加频率设定值，∨ 键用于减小频率设定值。

③ STOP 键：停止运行键，仅在选择键盘面板操作时有效。

④ RUN 键：起动运行键，仅在选择键盘面板操作时有效。

⑤ PRG 键：正常模式或编程模式的选择键。

⑥ FUNC/DATA 键：用于各功能数据的读出和写入。另外，在 LCD 监视器上设定数据时，用于在画面上读出和写入数据；用于存入改变后的预置频率值。

⑦ RESET 键：在报警停止状态时，用于复位到正常状态；编程模式时，用于使数据更新

模式转为功能选择模式;功能选择模式时,用于取消预置数据的写入。

2)功能码及功能参数的预置

(1)变频器功能码预置的概念。

各种变频器都具有多种供用户选择的功能,用户在使用之前,必须根据实际情况预先对各种功能进行设定,这种工作称为功能预置。准确预置变频器的各种功能,可使变频调速系统的工作过程尽可能地与生产机械特性和要求相吻合,使变频调速系统运行在最佳状态。

(2)功能码和数据码。

用户可对变频器各种功能以及该功能所需的数据进行编码。用户在进行功能预置时,先要找到对应的功能,然后还要对功能预置所要求的数据。

功能码表示各种功能的代码;数据码表示各种功能所需预置的数据或数据代码。

例如,功能码 00 代表频率设定命令,若把功能码 00 的数据码预置为 0,则变频器运行时通过键盘面板的 ∧ 和 ∨ 键分别增加或减小输出频率。

(3)功能预置的一般步骤与流程。

功能预置一般都是通过编程方式进行的,所以需要在"编程模式"下进行。尽管各种变频器的功能各不相同,但功能预置的步骤十分相似。

功能预置的一般步骤如下:

① 转入编程模式。

② 找出所需的功能码。

③ "读出"该功能码中原有数据。

④ 修改数据码。

⑤ "写入"新数据。

⑥ 返回进行其他功能预置或运行模式。

功能预置的流程如图 9-14 所示。

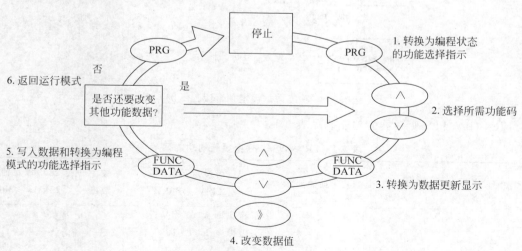

图 9-14 功能预置的流程

下面以改变功能加速时间 1(05 功能码)的数据设定为例,说明功能数据设定预置的方法,如图 9-15 所示。

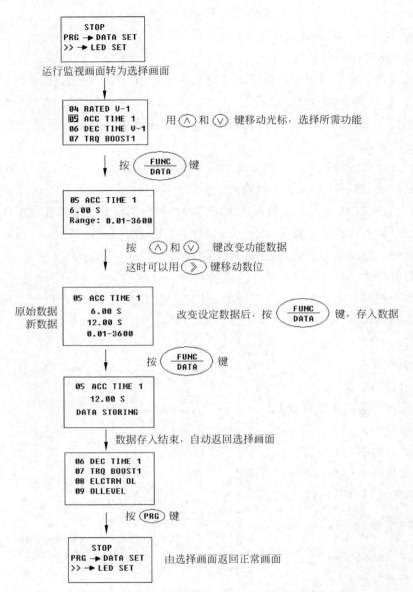

图 9-15 功能数据设定预置流程示例

FRN-G9S/P9S 变频器的功能码见表 9-1。

表 9-1 FRN-G9S/P9S 变频器的功能码

分类	功能码	名　　称	LCD 画面显示	可设定范围 ≤22kW,≥30kW	最小 数据	出厂设定值 ≤22kW,≥30kW
基本 功能	00	频率设定	00 频率设定	0：键盘面板(∧ 和 ∨ 键) 1：模拟电压(0～10V,端子 12＋V1) 2：模拟电压＋电流(端子 12＋V1＋C1)	—	0

续表

分类	功能码	名　　称	LCD 画面显示	可设定范围 ≤22kW，≥30kW	最小 数据	出厂设定值 ≤22kW，≥30kW
基本功能	01	运转、操作	01 运转操作	0：键盘面板（RUN 键、STOP 键） 1：基于外部信号 FWD、REV 的运转	—	0
	02	最高频率	02 最高 Hz	G9S：50～400Hz； P9S：40～120Hz；	1Hz	60Hz
	03	基本频率 1	03 基本 Hz-1	G9S：50～400Hz； P9S：40～120Hz；	1Hz	50Hz
	04	额定电压 1（最高输出电压）	04 额定 V-1	80～240V （电源电压 160～230V） 320～480V （电源电压 320～480V）	1V	200V 400V
	05 06	加速时间 1 减速时间 1	05 加速时间 1 06 减速时间 1	0.01～3600s 0.01～3600s	0.01s	6.00s 20.0s 6.00s 20.0s
	07	转矩提升 1	07 转矩提升 1	0.0（自动），0.1～0.9（风扇、泵负载），1.0～1.9（比例转矩负载），2.0～20.0（恒转矩负载）	0.01%	0.0%
	08	电子热保护（工作选择，电动机）	08 电子热保护	0：不动作 1：动作（通用电动机） 2：动作（富士变频电动机）	—	1
	09	保护值	09 电子热保护值	相当于适用电动机（20%～105%）的电流值	0.0A	相当于100%
	10	瞬间停电后再起动（工作选择）	10 再起动	0：不动作（不再起动，LU 立即跳闸） 1：不动作（不再起动，电源恢复时 LU 跳闸） 2：动作（继续运转，重惯性负载或一般负载用） 3：动作（由停电时的频率再起动，一般负载用） 4：动作（由开始时频率再起动，低惯性负载用）	—	1
	11	频率限制器上限	11 上限频率	G9S：4～400Hz； P9S：0～120Hz；	1Hz	70Hz
	12	频率限制器下限	12 下限频率	G9S：4～400Hz； P9S：0～120Hz；	1Hz	0Hz
	13	偏置频率	13 偏置频率	G9S：4～400Hz； P9S：0～120Hz；	1Hz	0Hz
	14	增益（频率设定信号）	14 设定增益	0.0～200.0%	0.1%	100%

分类	功能码	名称	LCD画面显示	可设定范围 ≤22kW，≥30kW	最小数据	出厂设定值 ≤22kW，≥30kW
基本功能	15	转矩限制(驱动)	15 驱动转矩	20%～180%,999%（无限制）	0.1%	180%,
	16	转矩限制(制动)	16 制动转矩	0:（再生回馈）20%～180%,999%（无限制）	1%	150% 150%
	17	直流制动开始频率	17DC 制动器	0.0～60.0Hz	0.1Hz	0.00Hz
	18	直流制动程度	17DC 制动器	0～200%	1%	0%
	19	直流制动时间	17DC 制动器	0.0(直流制动不动作),0.1～300s	0.1s	0.00s
	20	多步频率1	20 多步 Hz-1	G9S: 0～400Hz; P9S: 0～120Hz	0.01Hz	5.0Hz
	21	多步频率2	21 多步 Hz-2			10.0Hz
	22	多步频率3	22 多步 Hz-3			20.0Hz
	23	多步频率4	23 多步 Hz-4			30.0Hz
	24	多步频率5	24 多步 Hz-5			40.0Hz
	25	多步频率6	25 多步 Hz-6			50.0Hz
	26	多步频率7	26 多步 Hz-7			60.0Hz
	27	电子热保护(DB电阻)	27DBR 热保护	0:不动; 1:动作(内装 DB电阻),仅限于 7.5kW 以下; 2:动作(外部 DB 电阻),7.5kW 以上	—	1
	28	自动补偿控制	28 自动补偿	−9.9～5.0Hz	0.1Hz	0Hz
	29	转矩矢量控制	29 转矩矢量	0:不动作; 1:动作	—	1,0
	30	电动机极数	30 电动机极数	2～14 极	2 极	4 极
	31	功能模块	31,32～41	0:不显示功能码 32～41 1:显示功能码 32～41	—	1,0
	32	X1～X5 端子(功能选择)	32X1～X5 功能	0000～2222		0000
	33	加速时间2	33 加速时间2	0.01～3600s	0.01s	10.0s,100s
	34	减速时间2	34 减速时间2			10.0s,100s
	35	加速时间3	35 加速时间3			15s,100s
	36	减速时间3	36 减速时间3			15s,100s
	37	加速时间4	37 加速时间4			3.0s,100s
	38	减速时间4	38 减速时间4			3.0s,100s
第2 U/f 功能	39	基本频率2	39 基本 Hz	G9S：50～400Hz; P9S：50～120Hz;	1Hz	50Hz
	40	额定电压2(最高输出电压2)	40 额定 V-2	80～240V(电源电压 160～230V) 320～480V(电源电压 320～480V)	1V	200V 400V
	41	转矩提升2	41 转矩提升2	0.1%～20.0%	0.1%	2.0%

续表

分类	功能码	名　称	LCD 画面显示	可设定范围 ≤22kW，≥30kW	最小 数据	出厂设定值 ≤22kW，≥30kW
FM 端子 功能	42	功能模块(43~51)	42,43~51	0：不显示功能码43~51 1：显示功能码43~51	—	0
	43 44	FMP 端子 脉冲倍数 电压调整	43FMP 倍数 44FMP 调整	6~100 50~120	1 1	24 100
	45 46	FMA 端子 电子调整 信号选择	45FMA 调整 46FMA 功能	65~200 0：输出频率；1：输出电流； 2：输出转矩；3：负载率	— —	100 0
输出 端子 功能	47	Y1~Y5 输出 (功能选择)	47Y1~Y5 功能	00000~FFFFF5 种输出信号(Y1~Y5)可用 5 个，框内数字独立设定 0：RUN 运转信号；1：FAR频率到达；2：FDT 频率等级检测；3：OL 过载预报；4：LU 欠电压停止中；6：TL转矩限制中；7：STOP 停止中；8：RES 瞬间停电后恢复电源动作中；9：重新执行动作中；A、B：未使用；C：TP 模式运转中级别转移；D：TO 模式运转 1 周期结束；E：STG 模式级别号码(Y3~Y5)；F：单个报警信号(Y2~Y5)	—	01234
	48	频率到达(FAR) 检出宽度	48FMR 宽度	0.0~10Hz	0.1Hz	2.5Hz
	49 50	频率检测(FDT) (动作等极) (滞后宽度)	49FDT 等级 50FDT 宽度	G9S：0~400Hz；， P9S：0~120Hz； 0.0~30.0Hz	1Hz 0.1Hz	60Hz 1.0Hz
	51	过载预报设 定(OL)报警值	51 OL 预报 (报警值)	相当于适用电动机额定电流×(20%~150%)的电流值	0.01A	相当于100%
频率 控制	52	功能模块(53~59)	52,53~59	0：不显示功能码53~59 1：显示功能码53~59	—	0
	53 54 55	跳越频率 1 跳越频率 2 跳越频率 3	53 跳越 Hz-1 54 跳越 Hz-2 55 跳越 Hz-3	G9S：0~400Hz； P9S：0~120Hz；	1Hz	3Hz
	56	跳越频率(宽度)	56 跳越宽度	0~30Hz	0.1Hz	3Hz
	57	起动频率(频度)	57 起动 Hz	0.2~60.0Hz	0.1Hz	0.5Hz
	58	继续时间	58 起动时间	0.0~10.0s	0.1s	0.0s
	59	频率滤波器	59Hz 设定滤波器	0.01~5.00s	0.01s	0.0s

分类	功能码	名　称	LCD画面显示	可设定范围 ≤22kW，≥30kW		最小数据	出厂设定值 ≤22kW，≥30kW
	60	功能模块（61～79）	60，61～79	0：不显示功能码61～79 1：显示功能码61～79		—	0
	61	LED监视器（表示选择）	61LED监视器1	0～（9种选择）		—	0
	62	LED监视器（停止中显示）	62LED监视器2	0：显示（闪烁）设定值 1：显示输出值（闪烁）		—	0
	63	速度系数（负载速度）	63速度系数	0.01～200.0（对频率的系数）		0.01	0.01
LED LCD 显示	64	LCD监视器（显示选择）	64LCD监视器	0：RUN或STOP显示 1：棒图（设定频率/输出频率） 2：棒图（输出频率/输出电流） 3：棒图（设定频率/输出转矩） 4：棒图（GE动转矩/制动转矩）		—	0
	65	模式运转（方式选择）	65模式运转-1	0：不动作；1：断续周期； 2：连续周期；3：保持最终值			0
	66	计时器-1	66特征曲线-1	计时器：0.00～600s		0.01s	0.00s
	67	计时器-2	67特征曲线-2	旋转方向、加减时间：F1～ F4、R1～R4			
	68	计时器-3	68特征曲线-3	设定	旋转方向	加/减速时间选择	
特性 曲线 运转	69	计时器-4	69特征曲线-4	F1	正	1	
	70	计时器-5	70特征曲线-5	F2	正	2	
	71	计时器-6	71特征曲线-6	F3	正	3	— F1
	72	计时器-7	72特征曲线-7	F4	正	4	
				R1	反	1	— F1
				R2	反	2	
				R3	反	3	
				R4	反	4	
	73	曲线加/减速（方式选择）	73曲线加/减速	0：线性加/减速；1：S型加/减速；2：曲线加/减速		—	0
	74	带串联式制动器电动机驱动	74带S制动器的电动机	0：不动作；1：动作		—	0
特殊 功能 1	75	自动节能运转	75节能	0：不动作；1：动作		—	0
	76	防止反转	76防止反转	0：不动作；1：动作		—	0
	77	数据初始化	77数据初始化	0：手动设定值 1：初始值（工厂出厂值）		—	0
	78	语言（日语/英语）	78日语/英语	0：日语；1：英语		—	0
	79	LCD（亮度调整）	79LCD亮度	0：（自动）；1（淡）～10（浓）			5

续表

分类	功能码	名称	LCD画面显示	可设定范围 ≤22kW，≥30kW	最小数据	出厂设定值 ≤22kW，≥30kW
特殊功能1	80	功能模块(80~94)	80,81~94	0：不显示功能码81~94 1：显示功能码81~94	—	0
	81	运转声音调整（载波频率）	81 运转声音	0(低载波频率)~10(高载波频率)	—	10
	82	瞬间停电后再起动（等待时间）	82 再起动等待时间	0.0~5.0s	0.1s	0.1s,0.55s
	83	（频率降低率）	83 再起动降低率	0.00~100.00Hz	0.01Hz	10.0Hz,100Hz
	84	再执行（次数）	84 再执行次数	0~7次	1次	0次
	85	（等待时间）	85 再执行等待时间	2~20s	1s	5s
电动机特	86	电动机1(容量)	86 电动机容量	0：提高值；1：标准；2：降低1级；3：降低2级	—	1
	87	（额定电流）	87 电动机1-1r	0.00~2000A	0.01A	标准额定值
	88	（无负载电流）	88 电动机1-10	0.00~2000A	0.01A	标准额定值
	89	电动机2（额定电流）	89 电动机2-1r	0.00~2000A	0.01A	标准额定值
	90	电动机（整定：%R·1,%X）	90 整定	0：不动作；1：动作	—	0
	91	%R1 额定	91%R1设定	0：0.00~50.0%	0.01%	标准值
	92	%X 额定	92%X设定	0：0.00~50.0%	0.01%	标准值
特殊功能	93	93 制造厂用1	93 制造厂用1	0.00~1.00	0.01	
	94	94 制造厂用2	94 制造厂用2	0.00~1.00	0.01	
	95	95 数据保护	95 数据保护	0：可变更数；1：数据保护	—	0

3）控制电动机调速

电动机单向变频调速控制。控制电路如图9-16所示。

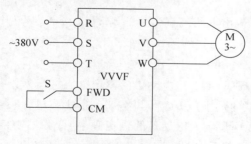

图9-16　电动机单向变频调速控制

（1）功能数据预置。

00.　0　//功能码00选择频率设定命令；数据0选择键盘预置频率,即用∧或∨键
　　　　//增加或减少频率

01.　0　//功能码01选择变频器的操作方法；数据0选择键盘面板操作方法,即用
　　　　//RUN或STOP键起动或停止变频器

02.　50Hz　//功能码02选择变频器输出的最高频率；数据50Hz控制电动机不超过
　　　　//50Hz运行

　　03.　　50Hz　　//功能码03选择基本频率；数据50Hz与电动机额定电压配合一致

　　04.　　380V　　//功能码04选择额定电压，即变频器的最大输出电压，数据380V是电动
　　　　　　　　　　//机所能承载的最大电压

（2）控制操作过程。

接线和功能数据的输入完成后，接通开关S，允许变频器起动。按下RUN键，变频器起动运行。按∧键增加频率，使变频器输出频率增加，电动机转速升高；按∨键减小频率，使变频器输出频率减小，电动机转速下降。按下STOP键，电动机减速停止。

（3）注意事项。

电源输入端子R、S、T和输出端子U、V、W不要接错，以防止变频器受到损坏。

需要更改接线时，即使已关断电源，也应等充电指示灯熄灭后，过段时间再接线。

9.4　实训四：变频器 U/f 线绘制

1. 实训目的

（1）通过本节实训，理解掌握变频器 U/f 控制的概念。

（2）通过绘制变频器 U/f 线，理解掌握转矩提升功能的含义。

2. 实训原理

U/f 控制是在改变频率的同时控制变频器输出电压，使电动机磁通保持一定，在较宽的调速范围内，电动机的效率、功率因数不下降。因为是控制电压（voltage）与频率（frequency）的比，所以称为 U/f 控制。

1）控制原理

电动机的同步转速由电源频率和电动机级数决定，在改变频率时，电动机的同步转速随之改变。当电动机负载运行时，电动机转子转速略低于电动机的同步转速，即存在转差。U/f 控制是异步电动机变频调速的最基本控制方式，它在控制电动机的电源频率变化的同时控制变频器的输出电压，并使二者之比恒定，从而使电动机的磁通基本保持恒定。

2）基本 U/f 设定

当频率调节为 f_X 时，输出电压调节为 U_X，则

$$调频比　k_f = f_X / f_N$$

$$调压比　k_U = U_X / U_N$$

式中，f_N 是电动机的额定频率；U_N 是电动机的额定电压。当 $k_U = k_f$ 时的 U/f 线称为基本 U/f 线，它说明了没有补偿时的电压 U_X 和频率 f_X 之间的关系，是进行 U/f 控制的基准线。一般情况下，只要把基本频率设定为电动机的额定频率（变频器功能码03的数据预置为电动机的额定频率），则完成了基本 U/f 设定。

3）转矩提升功能的含义

采用 U/f 控制，在频率降低后，电动机的转矩有所下降，这是由于低速时的定子阻抗压降所占比重增大，电动机的电压和电动势近似相等的条件已不满足，会引起电动机磁通的减少，势必造成电动机的电磁转矩下降。

针对 U/f 控制下电动机转速下降的情况，适当提高电动机的输入电压来抵偿定子的阻抗压降，从而保持磁通恒定，最终使电动机的转矩得到补偿。这种方法称为转矩补偿，又称电压补偿或转矩提升。

变频器功能码07能够实现转矩提升控制，可选择自动转矩提升控制和手动转矩提升控

制。功能码 07 的数据预置 0.0 选择自动转矩提升控制。自动转矩提升控制是按照补偿电动机定子阻抗压降,自动控制转矩的提升值。功能码 07 的数据预置 0.1～20.0 选择手动转矩提升控制。由于转矩补偿的实质是用提高电压的方法来补偿阻抗压降,而阻抗压降的大小与定子电流大小有关,定子电流的大小又与负载性质有关,因此,手动转矩的提升值要按照负载的实际情况进行预置。

3. 实训设备

(1) 变频器;

(2) 开关;

(3) 电动机。

4. 实训内容及步骤

1) 控制电路

控制电路如图 9-16 所示。

2) 功能数据预置

00.　　0　　　　//功能码 00 选择频率设定命令;数据 0 选择键盘预置频率,即用 ∧ 或 ∨
　　　　　　　　//键增加或减少频率

01.　　0　　　　//功能码 01 选择变频器的操作方法;数据 0 选择键盘面板操作方法,即用
　　　　　　　　//RUN 或 STOP 键起动或停止变频器

02.　　60Hz　　//功能码 02 选择变频器输出的最高频率;数据 60Hz 以便观察基频以上
　　　　　　　　//调速的情况

03.　　50Hz　　//功能码 03 选择基本频率;数据 50Hz 与电动机额定电压配合一致,
　　　　　　　　//与电动机额定频率相等,设定基本 U/f 线

04.　　380V　　//功能码 04 选择额定电压,即变频器的最大输出电压;数据 380V 是电动
　　　　　　　　//机所能承载的最大电压,且变频器的最大输出电压不可能高于变频器的
　　　　　　　　//电源电压

07.　　0.0　　　//功能码 07 选择转矩提升控制功能;数据 0.0 选择自动转矩提升控制

3) 控制操作过程

接线和功能数据的输入完成后,接通开关 S,按下 RUN 键运行变频器,通过 ∧ 或 ∨ 键调节变频器输出频率,使电动机在 1～60Hz 范围内运行,用》键监视对应输出频率的输出电压,填写表 9-2,然后绘制出 U/f 线。

表 9-2　U、f 实时观测数据

f/Hz	1	2	3	4	5	6	7	10	12	15	20	25	30	35	40	45	50	52	55	58	60
U/V																					

5. 实训注意事项

在基频以上调速时,电动机运转时间不宜过长,否则电动机转速高于额定转速运转时间过长,容易造成电动机损坏。

6. 实训报告

(1) 写出实训过程,画出 U/f 线。

(2) 分析并阐述基频以下变频调速和基频以上变频调速方式的性质。

(3) 画出恒转矩调速和恒功率调速的机械特性。

9.5 实训五：变频器的频率设定命令功能及操作方法功能

1. 实训目的

(1) 掌握变频器频率设定命令功能和操作方法功能的含义。

(2) 会用频率设定命令功能和操作方法功能实现变频调速控制。

2. 实训原理

1) 频率设定命令功能

频率设定命令功能指如何选择设定变频器的输出频率,实现变频器输出频率在一定范围内可调,从而达到电动机转速调节的目的。

频率设定命令的功能码是 00,可选择的频率设定命令功能有以下 3 种:

(1) 功能码 00 的数据预置 0:键盘面板频率设定命令功能(用 ∧/∨ 键增/减频率)。

(2) 功能码 00 的数据预置 1:模拟电压频率设定命令功能,即在 13、12 和 11 端子上接电位器,通过控制电位器来调节变频器输出频率,实现电动机转速控制。

(3) 功能码 00 的数据预置 2:模拟电压加模拟电流频率设定命令功能,即在模拟电压输入端子 12 和公共端子 11 之间有 0～+10V 直流电压信号,模拟电流输入端子 C1 和公共端子 11 之间有 4～20mA 直流电流信号时,变频器的输出频率是两者之和。

2) 操作方法功能

操作方法指如何控制变频器起动运行和减速停止。

操作方法功能码是 01,可选择的操作方法有以下 2 种:

(1) 功能码 01 的数据预置 0:键盘面板操作方法,即用键盘面板上的 RUN 和 STOP 键运行和停止变频器。

(2) 功能码 01 的数据预置 1:外部端子操作方法,即用 FWD—CM 和 REV—CM 之间的接通和断开来运行和停止变频器。

3. 实训设备

(1) 变频器;

(2) 电动机;

(3) 开关;

(4) 电位器。

4. 实训内容及步骤

(1) 控制电路如图 9-17 所示。

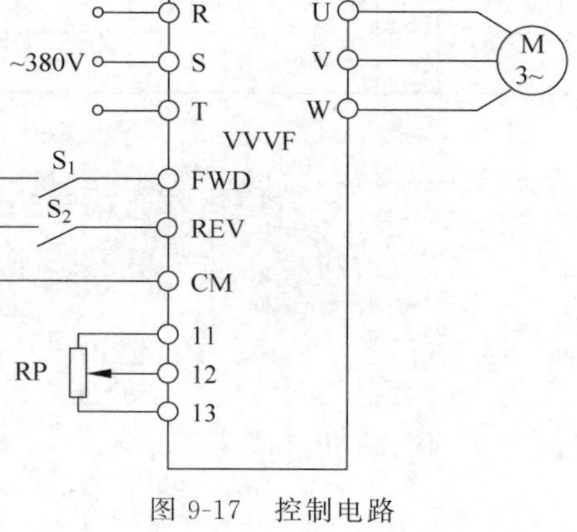

图 9-17 控制电路

（2）用变频器控制实现图 9-18 所示的运行示意图。

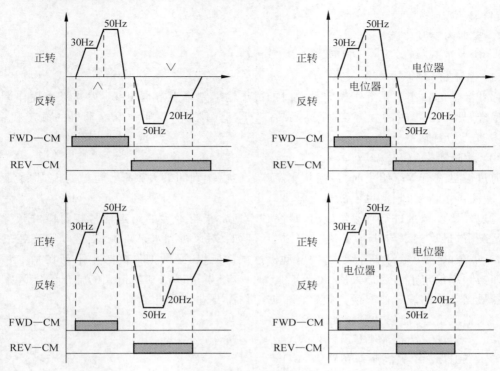

图 9-18 运行示意图

以图 9-18 的第一个图例进行分析：当 FWD—CM 接通后，变频器正转起动运行；当 REV—CM 接通后，变频器反转起动运行，说明要求选择外部端子操作方法，即功能码 01 的数据预置 1。从 30Hz 上升到 50Hz 的升频升速要求用 ∧ 键来完成，说明要求用键盘面板频率设定命令，即功能码 00 的数据预置 0。

5. 实训注意事项

从运行示意图（见图 9-18）上看出，变频器正转起动运行后，要求直接升速到 30Hz 运行，所以运行前，必须对输出频率进行预置，根据选择的频率设定命令功能，将输出频率预置为 30Hz。当变频器反转起动时，则需将输出频率预置为 50Hz。

6. 实训报告

（1）对应电动机的运行示意图写出功能数据，并加以分析。

（2）联系实际分析，在何种情况采用哪种频率设定命令和操作方法。

9.6 实训六：与工作频率有关的功能及频率给定预置

1. 实训目的

（1）理解并掌握与工作频率有关的变频器的基本频率、最高频率、上限和下限频率、跳跃频率、偏置频率及频率设定信号增益功能。

（2）掌握变频器频率给定线的概念及频率给定线的预置方法。

2. 实训设备

（1）变频器；

（2）电动机；

（3）开关；

（4）电位器。

3. 实训内容及步骤

1）基本频率（功能码03）和最高频率（功能码02）

（1）基本频率（f_b）。

称变频器的输出电压等于额定电压时的最小输出频率为基本频率。基本频率用作调节频率的基准，即 $k_f=1$ 时的频率（其中 $k_f=f_X/f_N$ 是调频比）。通常以电动机的额定频率 f_N 作为 f_b 的设定值。

（2）最高频率（f_{max}）。

通过键盘进行频率给定时，最高频率意味着能够调到的最大频率。也就是说，到了最高频率后，即使再按 ∧ 键，频率也不能再上升了。

通过外接模拟量进行频率给定时，最高频率通常指与最大的给定信号相对应的频率。大多数情况下，最高频率与基本频率是相等的。例如：对风机和水泵来说，当运动频率超过基本频率时，负载的阻转矩将增大很多，使电动机过载。所以，必须把最高频率限制在基本频率以内。即当频率给定信号为最大值（$X=X_{max}$）时，变频器可以达到的最大的输出给定频率就是变频器最高频率的设定值。最高频率将根据工作需要进行设定。

一般情况下，功能码的预置如下：

02.　50Hz　//最高频率预置为50Hz

03.　50Hz　//最高频率预置为50Hz

04.　380V　//额定电压预置为380V

2）上限频率（功能码11）和下限频率（功能码12）

根据拖动系统工作需要，变频器可设定上限频率 f_H 和下限频率 f_L，如图9-19所示。

图9-19中与 f_H 和 f_L 对应的给定信号分别是 X_H 和 X_L，则上限频率的定义是当 $X \geqslant X_H$ 时，$f_X=f_H$；下限频率的定义是当 $X \leqslant X_L$ 时，$f_X=f_L$。

例如，生产工艺要求电动机转速对应的工作频率范围为5Hz～40Hz，则应预置：

11.　40Hz　//上限频率预置为40Hz

12.　5Hz　//下限频率预置为50Hz

02.　40Hz　//最高频率预置为40Hz

这样，在电动机起动时，即使给定 $X<X_L$，也能迅速升速到5Hz频率下运行；在 $X>X_L$ 时，电动机也不会超过40Hz频率运行。上限频率和最高频率的关系为 $f_H \leqslant f_{max}$，一般情况下，将最高频率与上限频率预置一致。

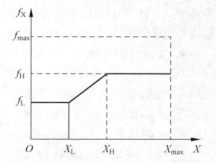

图 9-19　上限频率和下限频率

3）跳跃频率

［跳跃频率1（功能码53）；跳跃频率2（功能码54）；跳跃频率3（功能码55）；跳跃幅值（功能码56）］

生产机械在运转时总有振动，振动频率和转速有关。无级调速时，有可能出现在某一转速或某几个转速下，机械的振动频率和它的固有的频率相一致而发生谐振的情形，这时振动将变得十分强烈，使机械不能正常工作，甚至损坏。为避免机械谐振的发生，必须使拖动系统跳过可能引起谐振的转速。与跳过谐振转速相对应的工作频率就是跳跃频率，用 f_J 表示。变频器可预置 3 个跳跃频率：功能码 53 的数据预置跳跃频率 1；功能码 54 的数据预置跳跃频率 2；功能码 55 的数据预置跳跃频率 3。

使用跳跃频率时，不仅要预置跳跃频率，还需要预置跳跃幅值 $\triangle f_J$（$\triangle f_J = f_{J2} - f_{J1}$），由功能码 56 的数据预置跳跃幅值（频率值）。FRN1.5G9S-4CE 变频器在跳跃区采用升降异值法，即在升速过程中经过跳跃区时，工作频率为 f_{J1}，而在降速过程中经过跳跃区时，工作频率为 f_{J2}，如图 9-20 所示。

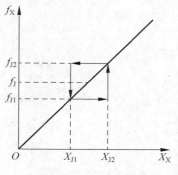

图 9-20　跳跃频率

例如：拖动系统的电动机在 12Hz～18Hz 频率间运行时有剧烈的振动，为防止振动时拖动系统的干扰与损害，可采用跳跃频率进行回避。我们可知 $f_{J1} = 12$Hz，$f_{J2} = 18$Hz，所以跳频幅值 $\triangle f_J = f_{J2} - f_{J1} = 6$Hz，而跳跃频率应为 $f_J = 15$Hz。这样，当升速过程中，模拟量给定信号（给定）达到 X_{J1} 时，以 12Hz 的频率运行，这时增加给定，只要给定没有达到 X_{J2}，变频器均输出 12Hz 的工作频率，当给定达到 X_{J2} 时，变频器输出频率即由 12Hz 直接升为 18Hz 的输出频率运行。当降速过程中，给定达到 X_{J2} 时，以 18Hz 的频率运行，这时减小给定，只要给定没有降到 X_{J1}，变频器均输出 18Hz 的工作频率，当给定降到 X_{J1} 时，变频器的输出频率即 18Hz 直接降为 12Hz 的输出频率运行。具体设定预置如下：

53.　15Hz　　//跳跃频率 1，预置 15Hz

56.　6Hz　　 //跳跃幅值

00.　1　　　 //频率设定命令，模拟量给定

4）偏置频率（功能码 13）

当模拟量给定信号 $X = 0$ 时，所对应的给定频率称为偏置频率，用 f_{BI} 表示。偏置频率 f_{BI} 由功能码 13 直接预置。偏置频率是被加到模拟设定频率值上作为输出频率使用的，如图 9-21 所示。

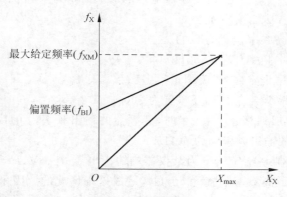

图 9-21　偏置频率

例如：当要求模拟量给定信号在 0～X_{max} 变化时，对应的输出频率范围为 5～50Hz，即要求在模拟给定 $X = 0$ 时，输出频率为 5Hz，所以功能预置为

13.　5Hz　　 //偏置频率预置 5Hz

00.　1　　　 //频率设定命令，模拟量给定

5）频率设定信号增益（功能码 14）

当模拟量给定信号 $X = X_{max}$ 时，变频器对应的实际输出给定频率称为最大给定频率，用

f_{XM} 表示。最大给定频率 f_{XM} 是通过预置频率设定信号增益 G 来实现设定的,如图 9-22 所示。频率设定信号增益 G 的定义为最大给定频率 f_{XM} 与最高频率 f_{max} 之比的百分数,即

$$G = (f_{XM}/f_{max}) \times 100\%$$

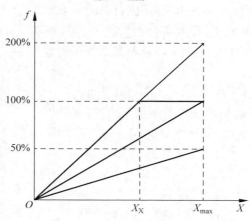

图 9-22　频率设定信号增益

从图 9-22 中可以看出,如果 $G>100\%$,则 $f_{XM}>f_{max}$,这时的 f_{XM} 为假想值,其中 $f_{XM}>f_{max}$ 部分的变频器的实际输出频率等于 f_{max}。如果 $G<100\%$,则 $f_{XM}<f_{max}$,即当模拟输入信号 $X=X_{max}$ 时,最大给定频率也达不到最高频率。

(1) $G=100\%$ 情况,功能预置如下:

02.　50Hz　//最高频率预置为 50Hz

00.　1　　//频率设定命令,模拟量给定

14.　100　//频率设定信号增益预置为 100%

03.　50Hz　//基本频率预置为 50Hz

则当模拟量给定由 $0\sim X_{max}$ 变化时,变频器输出的对应频率为 0~50Hz。

(2) $G>100\%$ 情况,功能预置如下:

02.　50Hz　//最高频率预置为 50Hz

03.　50Hz　//基本频率预置为 50Hz

00.　1　　//频率设定命令,模拟量给定

14.　200　//频率设定信号增益预置为 200%

则当模拟量给定由 0 增加到 X_{max} 的一半时,变频器的输出频率由 0Hz 增加到 50Hz,此后即使再增加给定,变频器的输出频率仍为 50Hz。

例如:变频器的模拟量给定信号为某仪器的输出电压 0~5V,而变频器的实际输出频率为 0~48Hz(变频器的最高频率预置为 50Hz),造成这种情况的原因是仪器输出的"5V"比变频器需要的 5V 要小,只相当于变频器内部电源的 4.8V,修正方法的原则是使模拟量给定为 0~4.8V 时,变频器的输出频率为 0~50 Hz,这时就可以用频率设定信号增益实现。

$$G = (f_{XM}/f_{max}) \times 100\% = (50Hz/48Hz) \times 100\% = 104.2\%$$

具体预置如下:

02.　50Hz　//最高频率预置为 50Hz

03.　50Hz　//基本频率预置为 50Hz

00.　1　　//频率设定命令,模拟量给定

14.　104.2　//频率设定信号增益预置为 104.2%

（3）$G<100\%$情况，功能预置如下：

02. 50Hz //最高频率预置为50Hz

03. 50Hz //基本频率预置为50Hz

01. 1 //频率设定命令，模拟量给定

14. 50 //频率设定信号增益预置为50%

则当模拟量给定由$0\sim X_{max}$变化时，对应的变频器输出频率为$0\sim25$Hz。

例如：某变频器采用模拟量给定方式，要求模拟量给定由$1\sim10$V变化时，变频器输出频率范围为$0\sim30$Hz。我们可以用频率设定信号增益实现这一控制要求，将最高频率和基本频率预量为50Hz，即$f_{XM}=30$Hz，$f_{max}=50$Hz，则

$$G=(f_{XM}/f_{max})\times100\%=(30\text{Hz}/50\text{Hz})\times100\%=60\%$$

这样就由原来的模拟量给定$0\sim10$V时对应输出频率$0\sim50$Hz变为模拟量给定$0\sim10$V对应输出频率$0\sim30$Hz。

具体预置如下：

02. 50Hz //最高频率预置为50Hz

03. 50Hz //基本频率预置为50Hz

00. 1 //频率设定命令，模拟量给定

14. 60 //频率设定信号增益预置为60%

6）频率给定线

（1）频率给定线。

由模拟输入信号进行频率给定时，变频器的给定频率f_X与给定信号X之间的关系曲线$f_X=f(X)$，称为频率给定线。

（2）基本频率给定线。

在给定信号X从0增大至最大值X_{max}的过程中，给定频率f_X线性的从0增大至f_{max}的频率给定线，称为基本频率给定线。其起点为$(X=0,f_X=0)$终点为$(X=X_{max},f_X=f_{max})$。

图9-23曲线①为基本频率给定线；曲线②为预置偏置频率，且$G<100\%$的频率给定线；曲线③为预置偏置频率，且$G>100\%$的频率给定线。

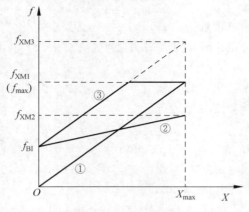

图9-23 频率给定线

【例9-1】 要求模拟量给定输入为$0\sim10$V时，对应变频器输出频率为$0\sim50$Hz，选择基本频率给定线①。

预置方法如下：

02. 50Hz

03. 50Hz

00. 1

13. 0Hz　　//偏置频率预置为0Hz

14. 100%　//频率设定信号增益预置为100%

【例9-2】　要求模拟量给定输入为0～10V时,对应输出频率为2～40Hz,选择频率给定线②。因为输入给定为0时,输出频率为2Hz,可采用偏置频率预置为2Hz;将变频器的基本频率和最高频率预置为50Hz,则当模拟量给定最大为10V时,$f_{XM}=40Hz$,$f_{max}=50Hz$,即可采用频率设定信号增益,则

$$G=(f_{XM}/f_{max})\times100\%=(40Hz/50Hz)\times100\%=80\%$$

即可实现模拟量给定为最大时,对应输出频率为40Hz。

具体预置如下:

02. 50Hz

03. 50Hz

00. 1

13. 2Hz　　//偏置频率预置为2Hz

14. 80%　　//频率设定信号增益预置为80%

【例9-3】　模拟量给定范围是0～10V,要求给定为0～6V时,对应输出频率为2～50Hz,则偏置频率可预置2Hz,将变频器的基本频率和最高频率预置为50Hz,通过数学方法得到已知的两个点(0V,2Hz),(6V,50Hz),即可得出模拟量给定为10V时对应的点(10V,82Hz),这样则可采用频率设定信号增益

$$G=(f_{XM}/f_{max})\times100\%=(82Hz/50Hz)\times100\%=164\%$$

即可实现模拟量给定为6V时,对应输出频率为50Hz。

具体预置如下:

02. 50Hz

03. 50Hz

00. 1

13. 2Hz　　//偏置频率预置为2Hz

14. 164%　//频率设定信号增益预置为164%

4. 实训注意事项

(1)设计拖动系统频率给定线时,需选择频率设定命令功能的模拟电压频率设定命令。

(2)不要用自动开关控制变频器运行。

5. 实训报告

设计一拖动系统的频率给定线,设计要求如下:

(1)模拟量给定范围是0～10V,要求给定为0～6V时,对应输出频率为2Hz～50Hz;

(2)基本频率和最高频率预置为50Hz;

(3)该拖动系统在20～21Hz,36～37Hz运行时,电动机有振动。

9.7　实训七:变频器控制电动机正、反转调速

1. 实训目的

(1)掌握变频器实现电动机正、反转运行的继电控制电路。

（2）了解掌握报警输出端子 30A、30B、30C 的功能，以及报警复位端子 RST 的功能。

2. 实训原理

1）正、反转控制

由继电器组成正、反转控制电路：允许按钮控制变频器接通电源；正转按钮控制正转继电器给变频器 FWD 端子发送正转信号；反转按钮控制反转继电器给变频器 REV 端子发送反转信号；当变频器有内部报警信号输出时，复位按钮控制变频器进行复位。

2）报警输出端子（30A、30B、30C）

报警输出端子在变频器发生任何故障时，保护功能动作，变频器停止工作，输出报警信号（报警输出端子 30C—30B 之间的常闭接点断开，端子 30C—30A 之间的常开接点闭合）。

3）报警复位端子（RST）

变频器报警跳闸后，端子 RST—CM 之间瞬间接通（≥0.1s），能控制变频器报警复位。

3. 实训设备

（1）变频器；

（2）电动机；

（3）按钮；

（4）电位器；

（5）接触器和继电器。

4. 实训内容及步骤

1）控制电路

变频器控制电动机正、反转电路如图 9-24 所示。

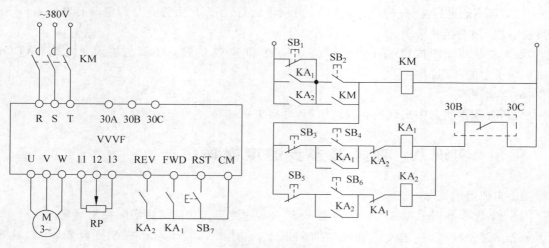

图 9-24　变频器控制电动机正、反转电路

2）功能预置

对变频器进行功能参数预置时，要根据变频器所控制的电动机的铭牌设定预置值，本次实训可对以下的功能进行相应的预置。

00.　　　　//频率设定命令，若采用键盘面板进行调速，可将 00 功能的数据码预置为
　　　　　 //0；若采用模拟量电位器进行调速，可将功能码的数据码预置为 1

01.　　　　//操作方法，若用外部端子 FWD、REV 直接控制正、反转，不需要键盘面板
　　　　　 //的 RUN 和 STOP 键，可将功能码 01 的数据码预置为 1；若用键盘面板的
　　　　　 //RUN 和 STOP 键控制变频器运行和停止，可将功能码 01 的数据码预置为 0

02. 50Hz //将最高频率设定为 50Hz,符合电动机要求

03. 50Hz //将基本频率设定为 50Hz,符合电动机要求

04. 380 //变频器最大输出电压预置值与电动机铭牌的额定电压相一致

30. 4 //预置使用的电动机极数,该电动机级数为 4 极

65. 0 //一般模式进行,可通过 FWD、REV 端子实现正、反转操作;当功能码 65 的
//数据码设定为 1 时,为程序进行模式,自动按设定运行

3)控制操作过程

(1)按下按钮 SB2,接触器 KM 动作,变频器通电,允许正、反转运行;

(2)按下按钮 SB4,正转继电器 KA1 动作,控制电动机的正转运行;

(3)按下按钮 SB3,正转继电器 KA1 复位,控制电动机的正转运行停止;

(4)按下按钮 SB6,反转继电器 KA2 动作,控制电动机的反转运行;

(5)按下按钮 SB5,反转继电器 KA2 复位,控制电动机的反转运行停止;

(6)按下按钮 SB1,接触器 KM 复位,变频器断电。

在正、反转运行期间,继电器 KA1、KA2 的触点并联在动断按钮 SB1 上,以防止电动机在运行状态下通过接触器 KM 直接停机,因为只有正转或反转停止后,继电器 KA1 或 KA2 的触点才能复位,这时,动断按钮 SB1 才能起作用。

在控制过程中,若变频器报警保护动作,报警输出端子 30C—30B 之间断开,导致继电器 KA1、KA2 均复位,变频器停止工作,电动机减速停止,分析解决故障原因,按下复位按钮 SB7,使变频器报警复位。

5. 实训注意事项

(1)若不能进行正、反转运行,或某一方向不运行,用万用表检查是否电路有断路点,或报警输出端子是否接线错误。

(2)并联到动断按钮 SB1 上的继电器 KA1 和 KA2 的触点不要与接到变频器 FWD 和 REV 端子上的共用。

6. 实训报告

分析并阐述实训中出现的问题及原因,写出实训过程。

9.8 实训八:变频器多步速度操作

1. 实训目的

(1)掌握变频器多步速度操作功能,会用多步速度操作功能解决实际控制问题。

(2)理解变频器加速时间和减速时间概念,会用外部输入端子控制变频器的加、减速时间。

(3)理解变频器加速/减速方式的含义。

2. 实训原理

1)多步速度操作

多步速度操作功能的含义是指变频器通过多步速度控制端子(X1、X2、X3)的输入信号状态(ON/OFF)组合,调用在多步速度功能码中的 7 个不同频率,实现变频器的 7 档输出频率控制。这样,就可以轻易地实现电动机变速切换的生产需求。

多步速度操作中,7 档输出频率控制功能码如表 9-3 所示。

表 9-3　7 档输出频率控制功能码

功　能　码	对应步预置频率
20	1 步预置频率
21	2 步预置频率
22	3 步预置频率
23	4 步预置频率
24	5 步预置频率
25	6 步预置频率
26	7 步预置频率

2）输入端子（X1、X2、X3、X4、X5）的功能（功能码 32）

输入端子（X1、X2、X3、X4、X5）的功能由变频器功能码 32 预置，功能码 32 的 4 位数据的预置值，决定输入端子（X1、X2、X3、X4、X5）的功能。功能码 32 的数据预置范围为 0000～2222。

X1 和 X2 端子的功能由数据的第 1 位代码决定；X3 端子的功能由第 2 位代码决定；X4 端子的功能由第 3 位代码决定；X5 端子的功能由第 4 位代码决定。其对应功能如表 9-4 所示。

表 9-4　输入端子的功能

	数据 0	数据 1	数据 2
X1	选择多步速度	上升/下降控制（初始值＝0）	上升/下降控制（初始值＝原先值）
X2			
X3		从工频切换到变频器（50Hz）	从工频切换到变频器（60Hz）
X4	选择加、减速时间	选择电流输入	直流制动命令
X5		选择第 2 加速时间	允许改变功能数据

如表 9-4 所示，若功能码 32 的数据预置为 0000，则表示输入端子 X1、X2、X3 的功能是多步速度操作；端子 X4 和 X5 的功能是选择预置的加、减速时间。

3）端子 X1、X2、X3 对多步速度功能码预置频率的选择

端子 X1、X2、X3 对多步速度功能码预置频率的选择，是通过 X1—CM、X2—CM、X3—CM 之间接通/断开（ON/OFF）的组合实现的，如表 9-5 所示。

表 9-5　X1—CM、X2—CM、X3—CM 的 ON/OFF 组合

X3—CM	X2—CM	X1—CM	调用的步
OFF	OFF	OFF	键盘面板/外部端子设定
OFF	OFF	ON	1 步预置频率（功能码 20）
OFF	ON	OFF	2 步预置频率（功能码 21）
OFF	ON	ON	3 步预置频率（功能码 22）
ON	OFF	OFF	4 步预置频率（功能码 23）
ON	OFF	ON	5 步预置频率（功能码 24）
ON	ON	OFF	6 步预置频率（功能码 25）
ON	ON	ON	7 步预置频率（功能码 26）

表 9-5 中，键盘面板/外部端子设定指用键盘面板的 ∧ 和 ∨ 键或模拟电压、电流控制变频器的输出频率。

4）加速时间和减速时间

加速时间：指变频器从起动 0Hz 上升至最高频率 f_{max} 所需的时间。

减速时间：指变频器从最高频率 f_{max} 下降至 0 Hz 所需的时间。

变频器提供 4 种不同的加、减速时间，由用户预置在加、减速功能码中，如表 9-6 所示。

表 9-6 加速时间和减速时间功能码

功 能 码	加/减速时间
05	加速时间 1
06	减速时间 1
33	加速时间 2
34	减速时间 2
35	加速时间 3
36	减速时间 3
37	加速时间 4
38	减速时间 4

变频器变频切换运行时，加、减速时间的选择，是通过 X5—CM 和 X4—CM 之间的接通/断开的组合实现的，如表 9-7 所示。

表 9-7 加/减速时间选择

X5—CM	X4—CM	加/减速时间选择
OFF	OFF	加/减速时间 1
OFF	ON	加/减速时间 2
ON	OFF	加/减速时间 3
ON	ON	加/减速时间 4

5）加速/减速方式（功能码 73）

FRN1.5G9S-4CE 变频器提供 3 种加速/减速方式。

功能码 73 数据预置 0：线性加速/减速，即变频器升降速时，频率与时间是线性关系。

功能码 73 数据预置 1：S 曲线加速/减速，即为了减少加速/减速时的冲击，使变频器在起动时，或是到达预期频率时，或是减速开始和停止时，输出频率呈 S 曲线形平滑变化。

功能码 73 数据预置 2：非线性加速/减速。非线性加速/减速方式适用于风扇等变转矩负载的加速/减速控制。

3. 实训设备

（1）变频器；

（2）电动机；

（3）开关；

（4）电位器。

4. 实训内容及步骤

（1）控制电路如图 9-25 所示。

（2）完成图 9-26 所示的运行示意图。

功能参数预置参考：

20. 30Hz //第 1 步预置频率

21. 45Hz //第 2 步预置频率

22. 50Hz //第 3 步预置频率

23. 44Hz //第 4 步预置频率

24. 35Hz //第 5 步预置频率

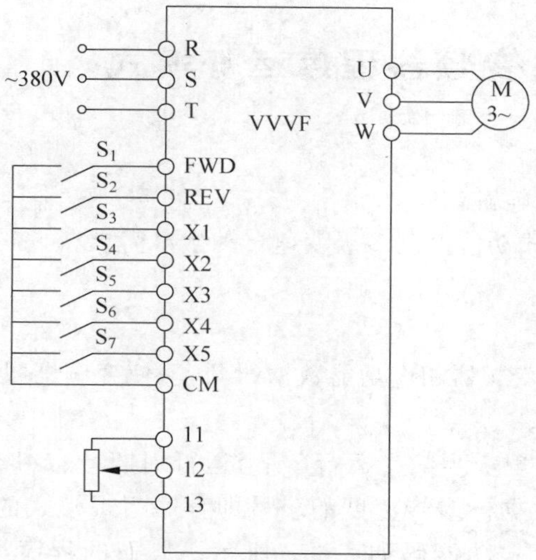

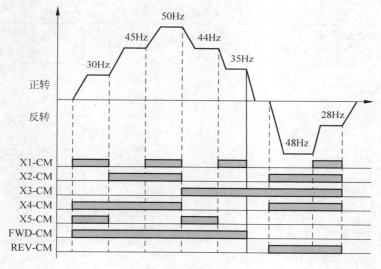

图 9-25　控制电路

图 9-26　运行示意图

25.　48Hz　//第 6 步预置频率

26.　28Hz　//第 7 步预置频率

32.　00000　//端子 X1、X2、X3 定义为多步速度操作端子

73.　0　//变频器预置线性加速/减速方式,即频率与时间是线性关系

01.　1　//操作方法预置为外部端子操作,X4、X5 状态为 0,选择加、减速时间 1

05.　5s　//加速时间 1 预置为 5s

06.　5s　//减速时间 1 预置为 5s

5.实训注意事项

在变频器运行前,应把输出频率预置为 0Hz,否则在变频器起动运行后或多步速度控制操作过程中,在多步速度控制端子无输入信号时,变频器有输出频率。

6.实训报告

对应图 9-26 所示的运行示意图写出本次实训所需的控制功能及数据,并加以注释说明。

9.9 实训九：变频器程序运行模式

1. 实训目的
（1）掌握程序运行模式功能。
（2）会用程序运行模式功能控制多级变速自动生产需求。

2. 实训原理
1）程序运行模式

程序运行模式通过对变频器相应功能数据的预置，使变频器投入运行后能按照事先预置自动地完成多级调速控制。

程序运行模式最多实现 7 步频率运行(一个运行周期)。7 步频率即预置在多步速度操作功能码(20～26)中的数据。多步速度的步号即程序运行模式的顺序步号，与多步速度操作有所不同。程序运行模式功能码如表 9-8 所示。典型的程序运行模式示意图如图 9-27 所示。

表 9-8 程序运行模式功能码

程序运行模式	功　能　码	对应步预置频率
第 1 步	20	第 1 步频率
第 2 步	21	第 2 步频率
第 3 步	22	第 3 步频率
第 4 步	23	第 4 步频率
第 5 步	24	第 5 步频率
第 6 步	25	第 6 步频率
第 7 步	26	第 7 步频率

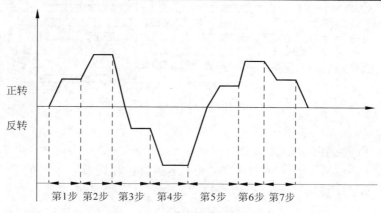

图 9-27　程序运行模式示意图

从图 9-27 可以看出，程序运行模式不仅需要将每步的运行频率预置在功能码 20～26 中，还需要预置各程序步的运行时间、程序步间的加速/减速时间和程序步的运转方向。

程序运行模式程序步间的加速/减速时间，不是靠外部端子 X4 和 X5 决定的，而是用功能预置来选择预置的加速/减速时间实现的。

程序运行模式程序步运行时间、选择程序步间的加速/减速时间、程序步的运转方向，需预置在功能码 66～72 中，如表 9-9 所示。

表 9-9　预置功能码

功　能　码	程序运行模式	运行时间；运转方向；加/减速时间		
66	第 1 步	运行时间：0.00～6000s		
67	第 2 步	代码	正转/反转	加/减速
68	第 3 步	F1	正转	加/减速 1
69	第 4 步	F2	正转	加/减速 2
70	第 5 步	F3	正转	加/减速 3
71	第 6 步	F4	正转	加/减速 4
72	第 7 步	R1	反转	加/减速 1
		R2	反转	加/减速 2
		R3	反转	加/减速 3
		R4	反转	加/减速 4

若加速/减速时间已经预置在加速/减速时间功能码中,程序运行模式即已完成预置。例如,功能数据预置为

21.　30Hz　　　//程序运行模式第 2 步程序运行频率为 30Hz。

67.　50s.R3　　//第 2 步程序运行时间为 50s;由第 1 步程序加速/减速到第 2 步程序时,
　　　　　　　　//选择加速/减速时间 3;反转

2)程序运行模式操作

程序运行模式功能码 65 数据预置 0:非程序运行,即一般运行。

程序运行模式功能码 65 数据预置 1:程序运行一个循环结束停止。

程序运行模式功能码 65 数据预置 2:程序运行连续循环。

程序运行模式功能码 65 数据预置 3:程序运行一个循环后,按最后程序步频率的速度继续运行。

程序运行模式最后停止时,按功能码 06(减速时间 1)预置的减速时间停止。

程序运行模式在运行中执行强迫停止时,则按程序运行中预置的减速时间减速停止。

如果某步运行时间预置为 0.00,则程序运行时,跳过该步运行。

程序运行模式的起动和停止可使用 RUN 和 STOP 键,或使用 FWD 和 REV 端子(对应所预置的操作方法)。停止命令只是暂停命令,使变频器内部的定时器暂停计时,如果再输入运行命令,则将按原来速度继续运行;如果想真正停止程序运行模式的运行,则按下 STOP 键或断开 FWD—CM/REV—CM 后,按下 RESET 键,即可停止程序运行模式。

3. 实训设备

(1)变频器;

(2)电动机;

(3)开关。

4. 实训内容及步骤

1)控制电路

控制电路如图 9-28 所示。

2)运行示意图

用程序运行模式实现某工业用洗衣机的脱水控制,其运行示意图如图 9-29 所示。

(1)程序步 1。

脱水刚开始时,因为被洗衣物都是湿的,负载

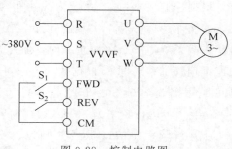

图 9-28　控制电路图

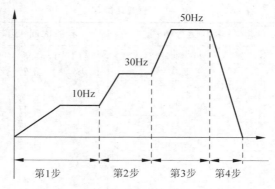

图 9-29 工业洗衣机脱水运行示意图

较重,故首先进行慢速脱水,且升速也需较慢。运行要求如下:

① 工作频率为 10Hz;

② 升速时间为 80s;

③ 工作时间为 140s。

(2) 程序步 2。

经过慢速脱水后,衣物中的大部分水分已被甩掉,负载较轻,可升速至中速脱水,升速过程也可加快。运行要求如下:

① 工作频率为 30Hz;

② 升速时间为 20s;

③ 工作时间为 50s。

(3) 程序步 3。

经过慢速快速脱水后,被洗衣物水分已经很少,负载很轻,可升速进入快速甩干。运行要求如下:

① 工作频率为 50Hz;

② 升速时间为 5s;

③ 工作时间为 40s。

(4) 程序步 4。

脱水完毕,停机。运行要求如下:

① 工作频率预置为 0Hz;

② 降速时间预置为 30s。

该工业洗衣机均为正转方向运行。

根据控制要求可知,系统为线性加、减速控制方式下的程序运行模式,最高频率为 50Hz。共有 3 次加速运行和 1 次减速运行。第 1 次加速可预置加速时间 1,根据数学方法可知,加速时间 1 为 400s;第 2 次加速可预置加速时间 2,根据数学方法可知,加速时间 2 为 50s;第 3 次加速可预置加速时间 3,根据数学方法可知,加速时间 3 为 12.5s。一次减速运行可预置减速时间 1,根据数学方法可知,减速时间 1 为 30s。其中,第 1 步运行频率为 10Hz,运行时间为 140s;第 2 步运行频率为 30Hz,运行时间为 50s;第 3 步运行频率为 50Hz,运行时间为 40s;第 4 步运行频率为 0Hz,运行时间为 30s;第 5~7 步运行频率均为 0Hz,运行时间均为 0s,且 7 步运行均为正转。功能参数预置参考如下:

02.　50Hz　//最高频率预置为50Hz
03.　50Hz　//基本频率预置为50Hz
60.　1　//程序运行模式有效，且一个循环结束
73.　0　//线性加、减速控制方式
05.　400S　//加速时间1预置为400s
33.　50S　//加速时间2预置为50s
35.　12.5S　//加速时间3预置为12.5s
06.　30S　//减速时间1预置为30s

20.　10Hz　//第1步运行频率预置为10Hz
21.　30Hz　//第2步运行频率预置为30Hz
22.　50Hz　//第3步运行频率预置为50Hz
23.　0Hz　//第4步运行频率预置为0Hz
24.　0Hz　//第5步运行频率预置为0Hz
25.　0Hz　//第6步运行频率预置为0Hz
26.　0Hz　//第7步运行频率预置为0Hz

66.　140S.　F1　//第1步运行时间为140s；选择加速时间1；正转
67.　50S.　F2　//第2步运行时间为50s；选择加速时间2；正转
68.　40S.　F3　//第3步运行时间为40s；选择加速时间3；正转
69.　30S.　F1　//第4步运行时间为30s；选择加速时间1；正转

3）实现

控制程序实现如图9-30所示。

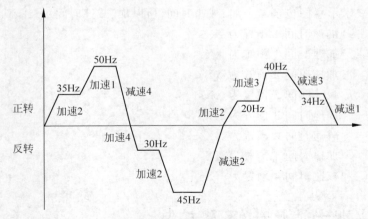

图9-30　运行示意图

设计要求：第1步运行时间为30s；第2步运行时间为45s；第3步运行时间为50s；第4步运行时间为35s；第5步运行时间为45s；第6步运行时间为20s；第7步运行时间为25s。

5. 实训注意事项

加、减速时间包含在程序步运行时间内，不要把加、减速时间预置过长，以免加、减速时间超过程序步运行时间，造成程序步丢失。

6. 实训报告

对应图 9-30 所示的运行示意图,写出控制功能数据,并加以注释说明。

参考程序如下:

02.　50Hz

03.　50Hz

60.　1

73.　0

20.　35Hz

21.　50Hz

22.　30Hz

23.　45Hz

24.　20Hz

25.　40Hz

26.　34Hz

66.　30S. F2

67.　45S. F1

68.　50S. R4

69.　35S. R2

70.　45S. F2

71.　20S. F3

72.　25S. F1

加、减速时间没有作要求,由于加、减速时间含在运行时间内,所以加、减速时间应尽量设置短一些。

由于该设计要求示意图包含 4 个加、减速时间,所以加、减速时间 1～4 都应设定预置。

05.　XXs　　//加速时间 1 预置为 XXs

06.　XXs　　//加速时间 1 预置为 XXs

33.　XXs　　//加速时间 2 预置为 XXs

34.　XXs　　//减速时间 2 预置为 XXs

35.　XXs　　//加速时间 3 预置为 XXs

36.　XXs　　//减速时间 3 预置为 XXs

37.　XXs　　//加速时间 4 预置为 XXs

38.　XXs　　//减速时间 4 预置为 XXs

9.10　实训十：上升/下降控制

1. 实训目的

(1) 理解上升/下降控制功能的含义,掌握上升/下降控制功能的预置及操作。

(2) 会用上升/下降控制功能解决生活生产中的实际需求。

2. 实训原理

上升/下降控制是指通过变频器的 X1 和 X2 端子信号增加和减少输出频率。当 X1—CM 之间接通时(此时 X2—CM 之间应断开),变频器输出频率上升;当 X1—CM 之间断开后,变频器保持断开前的输出频率运行。当 X2—CM 之间接通时(此时 X1—CM 之间应断开),输出频率下降;当 X2—CM 之间断开后,变频器保持断开前的输出频率运行。当变频器预置上升/下降控制功能时,频率设定命令无效。电动机的运转方向由端子 FWD/REV 信号决定。

3. 实训设备

(1) 变频器;

(2) 电动机;

(3) 按钮;

(4) 开关。

4. 实训内容及步骤

1) 控制电路

控制电路如图 9-31 所示。

2) 上升/下降控制功能预置

根据表 9-4,把功能码 32 的数据预置为 1000 或 2000,即可实现上升/下降控制功能。

当功能码 32 预置数据 1000 时,起动后,变频器输出频率为 0Hz,只有当 X1—CM 接通后输出频率上升。

当功能码 32 预置数据 2000 时,起动后,即使没有上升信号,即 X1—CM 之间没有接通,变频器的输出频率仍然上升到上一次停机时的运行频率,即断开 X1—CM 或 X2—CM 前的运行频率。

3) 用上升/下降控制功能实现两地控制

在实际生产中,常需要在两个地点都能对同一台电动机进行升、降速控制。用变频器的上升/下降控制功能,即可实现两地控制的生产需求。两地控制的控制电路如图 9-32 所示。

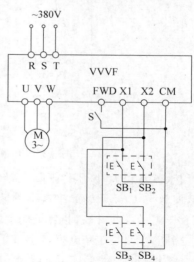

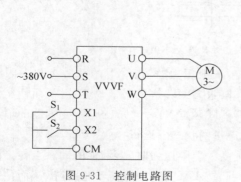

图 9-31　控制电路图　　　　图 9-32　两地控制的控制电路

图 9-32 中,SB_1 和 SB_2 是一组(一地)升降速按钮;SB_3 和 SB_4 是另一组(另一地)升降速按钮。把功能码 32 的数据预置为 1000 或 2000,使 X1 和 X2 端子具有如下功能:

X1—CM 接通,输出频率上升;X1—CM 断开,输出频率保持;

X2—CM 接通,输出频率下降;X2—CM 断开,输出频率保持。

把操作方法功能码 01 的数据预置为 0,开关 S 接通,按 RUN 键,变频器起动运行。

按下按钮 SB1 或 SB3,使输出频率上升,松开后输出频率保持;

按下按钮 SB2 或 SB4,使输出频率下降,松开后输出频率保持。

电动机转速总是在原有转速的基础上实现升速和降速,从而很好地实现两地控制。

4) 用升、降速端子实现恒压供水及其他恒值控制

(1) 恒压供水简述。

在供水系统中,用户的用水流量是时刻变化的,为了使水泵的供水能力和用户的用水流量始终处于平衡状态,常用的方法便是进行恒压供水的控制,即保证水泵出口的压力恒定。

如果用户的用水流量增大了,水泵出口处压力必下降,则应提高水泵的转速,从而提高水泵的供水能力。反之,如果用户的用水流量减小了,水泵出口处的压力必上升,则应降低水泵的转速,减小水泵的供水能力。

因此,在水泵的出口处,应安装一个压力传感器,将压力信号反馈给变频器,利用变频器的 PID 调节功能,自动、及时地调整水泵的转速。

由于在供水系统中,对压力偏差的要求并不十分严格,所以有的用户希望使用他们所熟悉的电接点压力表进行恒压供水控制。这种压力表在压力的上限位和下限位都有电接点(上、下限位置可调),比较直观,也比较价廉,又不必进行 PID 调节,用户较易掌握。因此,相当一部分用户喜欢使用电接点压力表进行恒压供水控制。

(2) 利用升、降速端子进行恒压供水控制的方案。

升、降速端子配合电接点压力表进行恒压供水的基本电路如图 9-33 所示,压力表的下限触点接至升速端子 X1,上限触点接至降速端子 X2,指针上的动触点则接至公共端 COM。

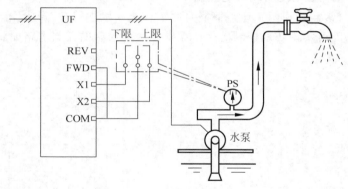

图 9-33 升、降速端子控制恒压供水基本电路

当用水流量较大时,压力下降,如果下降至低于下限压力时,指针上的动触点与下限触点相接触,使 X1—COM 接通,变频器的输出频率上升,水泵的转速及流量也上升,从而使压力升高。随着压力的不断升高,指针上的动触点将脱离下限触点 X1—COM 断开,变频器的输出频率停止上升。水泵将维持在已经上升了的转速和流量的状态下运行。

反之,当用水流量较小时,压力上升,如上升至高于上限压力时,指针上的动触点与上限触点相接触,使 X2—COM 接通,变频器的输出频率下降,水泵的转速及流量也下降,从而使压力降低。随着压力的不断降低,指针上的动触点将脱离上限触点,X2—COM 断开,变频器的输出频率停止下降。水泵将维持在已经下降了的转速和流量的状态下运行。

5. 实训注意事项

当功能码 32 的数据预置为 2000 时,若想每次起动都能使电动机由零速上调,则需在上一次停机前,保持 X2—CM 接通,使输出频率下降为 0Hz 后,按下 STOP 键。

6. 实训报告

阐述用上升/下降控制功能实现双位控制变频调速恒压供水的思路。

提示：运行前，水压力为 0，压力检测开关 1 接通，电动机起动升速，水压上升，当水压超过下限水压时，压力检测开关 1 断开，电动机保持当前转速；如果用水量增加，水压下降到低于下限水压，压力检测开关 1 接通，电动机再升速，水压上升，超过下限水压，压力检测开关 1 断开；当用水量减少，水压超过上限水压时，压力检测开关 2 接通，电动机减速，水压下降，直到水压低于上限水压时，压力检测开关 2 断开。

参 考 文 献

[1]   魏召刚.工业变频器原理及应用[M].北京：电子工业出版社,2006.

[2]   咸庆信.变频器电路维修与故障实例分析[M].北京：机械工业出版社,2013.

[3]   周奎,王玲,吴会琴.变频器技术及综合应用[M].北京：机械工业出版社,2021.

[4]   宋云波.PLC 与变频器控制[M].成都：西南交通大学出版社,2019.

[5]   刘长青.西门子变频器技术入门及实践[M].北京：机械工业出版社,2020.

[6]   孟宏杰.零基础学变频器应用与维修[M].北京：化学工业出版社,2023.

[7]   钱海月,李俊涛.变频器控制技术[M].北京：电子工业出版社,2022.

[8]   于宝水.变频器典型应用电路 100 例[M].北京：中国电力出版社,2022.

[9]   王浩然,韩丽.变频器应用技术[M].天津：天津科学技术出版社,2021.

[10]   咸庆信.变频器故障检修 260 例[M].北京：化学工业出版社,2021.